水田農業の活性化をめざす

西南暖地からの提言

髙武 孝充
村田 武
著

筑波書房

はじめに

新型コロナウイルス感染の世界的まん延が、わが国の農業・食料に新たな問題を生みだしている。

穀物輸出国が輸出規制

ひとつは、穀物輸出国に国内需給上の不安が発生し、穀物輸出の規制が広がったことである。農水省は2020年5月1日現在で15か国が輸出規制を実施していると発表した。たとえば、近年穀物輸出を伸ばしてきたロシアは小麦、ライ麦、トウモロコシなどの輸出枠を設定し、ウクライナも小麦の輸出枠を設定した。アジアではカンボジア、タイが米の輸出禁止措置を実施している。ベトナムは米の輸出枠を設定していたが、同年4月30日に撤廃した。またインドでは、輸出規制は実施していないものの、ロックダウンで輸出が停滞しているという。こうしたなかで、G20の農相は4月21日に臨時会合を開き、農産物の生産と流通の流れを遮断しないよう各国が協調して対応することや、不必要な輸出入規制は行わないことなどを盛り込んだ声明を採択している(1)。このコロナ禍のなかで、国際農産物市場は行き場を失った資金の先物取引市場への流入もあって、穀物が高値に張り付き、わが国の穀物や油脂などの輸入価格、したがって輸入原料依存の加工食品や飼料の価格上昇につながっている。そうしたなかで、ようやく食料自給率の低さを放っておいては問題ではないかという意識が一般国民にも共有される状況が生まれている。

安倍・菅政権の不作為

さて、２０１２（平成24）年12月末に成立した第2次安倍晋三内閣は、翌２０１３年1月に、林芳正農水相を本部長とする「攻めの農林水産業推進本部」を設置し、「攻めの農林水産業」の具体化に向けた3つの戦略と9課題を掲げ、それを「アベノミクス」の成長戦略に盛り込んだ。言葉は「攻めの」と勇ましい農政改革であったが、その目玉のひとつは、6次産業の市場規模を２０２０（令和２）年度には1兆円から10兆円に10倍に、農林水産物・食品の輸出額を同じく5千億円から1兆円に倍増させるとともに、いまひとつは、農地集積を進め、10年間で担い手経営が利用する農地面積が8割となる**効率的営農体制**を創ることにあるとされた（強調は引用者による）。

つい先日、農水省は２０２１年1月から6月までの農林水産物・食品の輸出額が５７７３億円になったと発表した。２０２１年の輸出額は、1年遅れではあるが、目標に到達するであろう。とはいっても、輸出総額（課税価格の合計額が20万円以下の少額貨物輸出額３６７億円を除く）５４０６億円のうち加工食品が２１７７億円（40・２％）、水産物（なまこ、練り製品、ホタテ貝などの調整品を含む）が１３７１億円（25・４％）、林産物が２８１億円（５・２％）を占める。農産物は１５７７億円（29・２％）にとどまる。農産物のうちで輸出額の筆頭は牛肉の２２３億円、次いで牛乳・乳製品の１１７億円、以下、緑茶96億円、たばこ75億円、りんご65億円、花き60億円と続く。米（援助米を除く）は27億円どまりである。

もうひとつの効率的営農体制はどうなったか。

規制改革会議の新自由主義の規制緩和・民営化路線を突っ走る安倍政権は、途上国の要求を抑えきれないＷＴＯ自由貿易体制では国益の追求がままならないアメリカを先頭にした二国間貿易協定へのシフトに押され、ＴＰＰ11（環太平洋経済連携協定、２０１８年12月30日発効）、日米ＦＴＡ（日米自由貿易協定、２０２０年１月１日発効）、日欧ＥＰＡ（日欧経済連携協定、２０２１年１月１日発効）と、矢継ぎ早に自由貿易協定を締結し、農産物市場開放、とくに食肉や乳製品の関税大幅引き下げを行ってきた。低廉な海外農畜産物とのさらなる競争にさらされる国内農業には、新たな農政対策で支援せざるをえない状況となった。

ところが、アベノミクス農政の「真骨頂」は、民主党政権が２０１０（平成22）年度に導入した「米戸別所得補償モデル事業」による、すべての販売農家に対する戸別所得補償交付金を、２０１８（平成

30）年に米の生産調整廃止とセットで廃止したところにあった。すなわち、国内農産物市場の開放にともなう農産物価格の変動と押し下げ圧力から国内農業者を保護し、主穀の供給と価格についての国の管理責任を放棄するというきわめて乱暴な「農政改革」に打って出たのである。加えて、安倍政権は、TPP協定に反対したJAグループを「農協改革」と称して解体せんとするにいたった。

米消費量の減退と米価下落

コロナ禍のもとでの米消費量の減退と米価下落が顕著である。コロナ禍のなか、にっちもさっちもいかなくなって政権を放り出した安倍内閣の後を継いだ菅義偉内閣は、農水相に野上浩太郎氏を据えた。野上氏は米主産県富山県出身であるだけに、コロナ禍のなかでの米価下落には、時をおかず適切な対策を打ってくれるものと期待したのだが、まったくの期待はずれであった。

この間、アベノミクス農政の目玉「効率的営農体制」はどうなっているか。なるほど、最新の農業センサス結果では、この10年間に法人型経営が2万2千経営から3万1千経営に増えた。ところが農業経営体そのものは同じくこの10年間に167万9千経営から107万6千経営に60万3千経営（35・9％）も減少している。基幹的農業従事者は205万4千人から136万3千人に69万1千人（33・6％）も減少している。その平均年齢は66・2歳から67・8歳になった。

最大時（農業基本法制定の昭和36年）609万haあった農地面積は、昨年2020年には437万ha

（うち水田238万ha）にまで減少している。荒廃農地（農水省の定義では「現に耕作されておらず、耕作の放棄によって荒廃し、通常の農作業では作物の栽培が客観的に不可能となっている農地」）は同じく2020年では、28・4万haに増えている。そのうち「再生利用が可能な荒廃農地」は9万1千haにとどまり、「再生利用が困難と見込まれる荒廃農地」が19万2千haにおよぶまでになっている。農水省調査では、荒廃農地の発生原因をヒヤリングしており、その最大の原因は「高齢化・労働力不足」が23％を占めるが、「農産物価格の低迷」を原因とするのが15％もあるのである（2）。

西南暖地の水田農業に新たな動き

こうしたなか、著者の高武孝充と村田武は、福岡県と愛媛県の水田農業の動きから一貫して目を離さないできた。福岡県にあっては、県北糸島市の「糸島稲作経営研究会」（会長：井田磯和）（3）の、生産調整に協力しながら小麦作の拡大を経営戦略の中心に置きつつ規模拡大を進めてきた会員の動きを、愛媛県にあっては、南予西予市のＪＡひがしうわ（東宇和農業協同組合）の福岡県ＪＡ糸島の農業振興計画「生命産業をめざす糸島農業」を重要なモデルとした農業振興計画の策定に、その第1期「生命（いのち）育む東宇和〝総合産地〟づくり」（2010年からの5年間）から第2期「地域の特性を活かした生命（いのち）を育む西予ブランドづくり」（2015年から5年間）、第3期「担い手を育て、生命（いのち）を育む産地づくり」（2020年からの5年間）に愛媛大学グループとして参画してきた。西予市は標高２５０ｍ余りの内陸盆地宇和平野（約１千ha）が愛媛県の代表的良食味米「宇和米」の産地であり、その東には四国随一の酪農・肉牛産地である旧野村町があって、飼料米・ＷＣＳ稲、稲わら・麦わらの供給と畜産堆肥の還元という耕畜連携の進展が、ＪＡひがしうわの農業振興計画の柱になってきた。

　コロナ禍のなかにあって、（一社）農協協会「農業協同組合新聞ＪＡｃｏｍ」が、コロナ禍後の社会のあり方と農協の役割を問う特集記事の連載を開始し、本年は「２０２１　シリーズ　持続可能な社会をめざして　許すな命の格差　築こう協同社会」と題する特集記事の連載を開始した。そこで、われわれは西日本のＪＡの取材を担当することになった。その現地取材記事が、農協協会の許可を得て本書の第４章に掲載したものである。ＪＡ糸島とＪＡひがしうわに加えて、豪雨災害からの復興のなかで、水田復旧の新方法の開発と果樹農業と水田農業の複合をめざす福岡県ＪＡ筑前あさくら、米麦大豆の２年３作で水田利用率１３０％の福岡県ＪＡ柳川も現地取材の機会を得た。またコロナ禍に対して農協経済連が積極的な役割を担えることを、福岡県ＪＡ全農ふくれんの取材で明らかにすることができた。

　こうしたなかで、われわれは西日本・西南暖地水田農業に新たな動きを見出したと考えており、安倍・菅政権の不作為を克服し、米余り・米価下落のもとで経営難に追い込まれる水田農業経営を本格的にバックアップする農政のあり方を提言することにした。本書第３章「水田農業の活性化を支える農政を」がそれである。

この提言については、これまでのわれわれの水田農業研究に際して稲作経営データの提供ならびに共同政策提言者として協力いただいてきた糸島市の大規模水田農業経営者の井田磯弘氏（元糸島稲作経営研究会会長・元全国稲作経営者会議会長）とその長男の磯和氏（糸島稲作経営研究会会長・福岡県稲作経営者協議会会長）との協議を基礎にしたものであり、いわば両氏との共同提言である。わが国水田農業のあり方をめぐる議論を後押しできることを願っている。なお、福岡県稲作経営者協議会は来年２０２２年に設立35周年を迎える。その記念行事の一環として、フードバンク福岡に米を無償で提供することにしている。

井田磯弘氏

注

（1）「農業協同組合新聞」２０２０年5月11日
（2）農林水産省「荒廃農地の現状と対策について」平成28年４月
（3）糸島稲作経営研究会については、同研究会編『糸島稲作経営研鑽の軌跡～福岡県糸島稲作営研究会三十年史～』（２０１４年）を参照されたい。問い合わせ先：糸島稲作経営研究会事務局ＪＡ糸島　農畜産課　ＴＥＬ０９２（３２７）３９１２

（村田　武）

目次

序章　新型コロナウイルス禍と米・食料問題

第1節　新型コロナウイルス禍は国民に何を教えたか

1　低い食料自給率への危機感

新型コロナウイルス禍によって、国際的な物流が寸断され、人の移動の停止により、食料生産・供給が減少し、輸出規制が起こり、さらなる価格高騰が起こり、食料危機に陥ることが懸念された。輸出制限措置を行った国・地域は95にのぼる（2020年6月時点)。コメの輸出制限をしたのがベトナム、カンボジア、インド、フィリピンなど。小麦を規制したのがロシア、ウクライナ、ベラルーシ、タジキスタンなど。国際機関は輸出規制の乱用を戒めているが、足もとで国民に食料危機が迫っているときに、食料を輸出に回す政府など存在しない。輸出規制は自国民の生命（いのち）を守る正当な権利であり、それを抑制するのは無理というものだ。「食料主権」はどの国にも認められた権利である。わが国の食料自給率37・17％（カロリー・ベース、2020年度）(1)は、現代の国際社会のなかでは低すぎる。食料品の輸入が途絶えれば、10人のうち6人は生きていけないことになる。

2 極端に低い穀物自給率への不安と食料主権の再確認

食料自給率のほかに、穀物自給率を重視する国がほとんどである。畜産では家畜の体重を1kg増やすために必要な穀物は、牛で13kg、豚で7kg、鶏で3kgである。わが国の穀物自給率が28％と極端に低いのは、家畜の飼料の大半を輸入に依存しているためである。

安倍内閣（いわゆるアベノミクス農政）は、国の主穀管理責任を放棄し、ミニマム・アクセス米を止められず、食料自給率引き上げではなく、輸出に熱中するする新自由主義農政である。しかもTPP11に反対したJA全中を初めとした都道府県JA中央会を根拠法である農協法から丸ごと削除するように農協法を改悪した。さらに、「農業は成長産業だ」として一般企業が農業に参入できるように農地法を改正した。しつこいのは、参入した一般企業は「リース方式でも不便なことはない」と言っているにも関わらず、国家戦略特区法で一般企業の農地取得を認めた。

今、わが国民が再確認すべきは、「食料主権」という世界のどの国にも認められた権利にもとづく食料自給率向上への政治責任である。

3　東京オリンピック・パラリンピック食料廃棄問題

新型コロナウイルス禍の予想を超える拡大の中で、子ども食堂では、わずか1か月に1度、暖かい食事を食べる子どもたちの喜びが報道されていた。ところが、東京オリンピック2020の閉会の前日（2021年8月7日）、信じられないことが報道された。オリンピック会場で約13万食の弁当が廃棄されたというのである。これは金額に換算すると、1億1600万円だ。9月5日パラリンピックが終わり、9月末になって再び食料廃棄問題が報道された。弁当だけではなかった。選手村開村以降、選手村のメニューは700種類で1日に数回、つまり2時間ごとに廃棄されたとのことだ。廃棄を担当した従業員は「廃棄するのに心が痛かった」と述べていた。2012年ロンドン・オリンピックでは食事に困っている人たちに配布したこと、2016年リオデジャネイロ・オリンピックでは貧困救済レストランに配布したことが伝えられた。東京オリンピック組織委員会では食料廃棄対策に1170万円の予算を充てたそうだが、こうした食料廃棄についてなんら指示がなかったこと、みなと子ども食堂(2)では、コロナ禍で2020年の60世帯から1年後には161世帯に増えたため、廃棄する食料を子ども食堂に配布してくれないかと要請したが実現しなかった、などの報道がなされた。東京オリンピック・パラリンピックで廃棄された食料を計量したデータはないとの報道もなされた。

わが国の食品ロス612万トンとも言われる量を何とか減少させようと試みている小規模企業や女性組織などの取組みなどが新聞紙上で紹介されている記事も多くなった。持続可能な開発目標（SDGs）の貧困解消に政府が率先して取り組むべきだろう。10月1日からは農水省、環境省及び消費者庁が連携して行う「食品ロス削減月間」だ。

第2節　米消費調査結果――「1日1回以下が4割」

日本農業新聞は、2021年6月に実施した「米消費実態調査」結果を、米を食べるのが「1日1回以下が4割」というショッキングな見出しで報道した。

自炊や中食、外食を含めた米を食べる頻度は、最も多いのが「1日に2回」（45％）、次いで「1日に1回」（30％）、「1日3回」（16％）であった。特徴的なことは「2～3日に1回」及び「ほとんど食べない」を含む1日1回以下が全体の39％に達し、米離れが浮き彫りになっている。

同調査結果で、米を食べたくなる条件は、「おいしくなる」（39％）、「価格が安くなる」（32％）が上位を占めるのは予想されたことだ。他方で、価格志向に変化が生じているようでもある。新型コロナウイルス禍で外・中食で米消費が落ち込んだが、一方では健康を気遣って特別栽培米(2)などをスーパーの倍の価格でも安定的に買う層が増えたとの調査結果である。また、米を食べる回数が少ない人ほど

「米を食べると太りやすい」とした回答も少なくないということで、「米＝太りやすい」という誤解の払しょくが鍵となりそうだ。（日本農業新聞2021年7月9日）

「大人のダイエット研究所」代表の岸村康代氏は、健康志向はブームにとどまらず定着したと述べている。次いで「米＝糖質＝太る」のマイナスイメージを払しょくするため、米は健康を軸にプロモーションする必要がある。米の糖質は、甘いジュースや菓子などの糖質と比べると消化に時間がかかり、血糖値上昇が緩やかであるという。最近の研究では玄米だけでなく白米にも食物繊維が多く含まれることがわかり、同じ量を食べた場合の食物繊維の量はレタスを上回ることが分かっている。国産うるち米のほうが海外産インディカ米より食物繊維が多く、糖質は少ない。長寿につながる亜鉛も含んでいる。卵かけご飯にするとより多く摂取でき、日々の食事に取り入れやすい、というのである（日本農業新聞2021年7月10日）。

第3節　21年産主食用米生産量目安は「衝撃的数字」

1　主食用米目標生産量が700万トンを切ったのは1910（明治43）年以来110年ぶり

2020年産米の作況指数は全国99、福岡は80だった。これは、網目（ふるい目）1・7ミリでの作況指数だが、全国各県で使用されている選別網目は1・8～1・85ミリであって、出荷時にふるいから落ちて「くず米」となる量が多くなり、それだけ国が示した作況指数99より実際の出荷流通量は下がることになる。この問題は、生産現場からはかなり前から指摘されてきたのであって、国が固執する「網目（ふるい目）1・7ミリでの作況指数」は現実とは乖離している。筆者は30年以上この「米の需給見通し」に基づいて生産調整などに携わってきたが、毎年出される「米の需給見通し」がまともに当たったことがないのには、こうした問題もあるのである。

農林水産省は2020年10月16日に食料・農業・農村政策審議会食糧部会を開催し、葉梨康弘農林水産副大臣は「新型コロナウイルス禍で需給が難しい状況。早くメッセージを出していかなければならない」と強調し、21年産の主食用米の適正生産量について20年産より50万トン少ない679万トン（後に693万トンに修正）とする米の基本指針を諮問した。同食糧部会では「衝撃的な数字だ」などの意見が出たものの、諮問どおりに答申された。作付面積にすると約10万haの削減となり、これは過去に取り組んだことがない転作面積となる。主食用米目標生産量の目安が700万トンを割ったのは、単純には比較できないものの1910（明治43）年以来110年ぶりだとの報告もある（西川邦夫・大神克俊編著『環太平洋稲作の競争構造』（農林統計協会、2021年2月））。その明治43年は大水害の年だった。同年8月に東日本の1府15県を襲った大水害で、梅雨前線と2つの台風が重なったことから東海・関東・東北地方に長雨に続く記録的な集中豪雨で河川氾濫・土砂災害が続出、死者・行方不明者1357人、家屋全壊2765戸、流失3832戸に達したとされている。

2021年の産米が693万トンという生産量目安は、新型コロナウイルス禍の影響だが110年ぶりの出来事に変わりはない。新型コロナウイルス禍で消費減少基調が加速し、2020年は22万トンの消費減とされている。食糧部会委員からの意見として、「産地での議論が正念場である。これ以上値下げとなると産地は崩壊しかねない。（民間在庫量）200万トンは適正在庫量や国産米価格維持の目安」としながらも、「生産マインドが冷えるのは必至。意欲ある次世代をいかに獲得するか急務になっているのも現場」、「農家は綱渡り。必要なお金が入ってこない。在庫にしようとしても倉庫がない」と現状を訴える意見と同時に、「今農家を減らすべきではない。今は在庫量が増えているが、何十年先を考えたときどうか、を考えるべきだ」など中長期的な意見も出されたという。

2　農水省は備蓄米の買い増しを拒否

政府備蓄米は100万トンで、これは10年に一度の不作に備える備蓄在庫量とされている。2020年10月末の政府備蓄米は92万トンだった。野上浩太郎農相は国会で「需給状況に応じて買い入れ数量を増減させるなど、国による需給操作や価格の下支えにつながるような運用は制度の趣旨に沿わない」とした。稲作大県である富山県選出の国会議員とは思えない発言だ。平時では食糧法の趣旨からはそうかもしれない。前節で触れたように、網目（ふるい目）1・7ミリが国の示す作況指数の基準だが、実際は1・8～1・85ミリでの流通だから、野上農相の発言は数字上の「米の需要と供給の見通し」をもとにした発言であるから現実と乖離していることを見逃してはならない。さらに、100年に一度という異常事態だから、政府備蓄米を、学校の休校で行き場のなくなった子ども宅食、フードバンクなどへの食の支援に無償で提供しているとのことである。ところがそれは「食育」事業として実施しているので、子ども宅食には1団体に年間300kgが上限となっているというのである。以前から子ども食堂に対して実施されている米供給の上限はわずか90kgだそうだ。これでは子ども宅食や子ども食堂への支援は足りない。厚生労働省の調査では、中間的な所得の半分に満たない相対的な「子どもの貧困率」は2018年が18・5%で、一人親世帯では5割近いそうだ。政府備蓄米を買い増し、コロナ禍で深刻さを増す貧困に本格的な対策を講じるのがごく自然な考え方ではなかろうか。

第4節　水田農業と多面的機能の重要性の再認識

地球温暖化にともなう気象災害は、わが国でも豪雨・土砂災害の頻発となっており、災害に強い国土づくりは焦眉の課題となった。そのなかで見直されているのが、天然のダム機能をもつ水田の保全の重要性である。

1997（平成9）年4月4日、総理府に食料・農業・農村基本問題調査会（会長木村尚三郎東京大学名誉教授：当時）が設置された。以降50回を超える調査会、部会等の検討を経て、1998（平成

10）年9月17日に内閣総理大臣に対して答申が行われた。これをベースに国会審議が衆・参議院において審議され、1999（平成11）年7月16日に「食料・農業・農村基本法」として公布され、同日から施行された。

本法には、4つの基本理念、「食料の安定供給の確保」「多面的機能の発揮」「農業の持続的な発展」「農村の振興」が掲げられた。「多面的機能」はガット・ウルグアイ・ラウンドでもわが国が主張し、WTO農業協定の前文及び第20条に「非貿易的関心事項」として盛り込まれた。「多面的機能」の例として、①国土保全機能、②水源かん養機能、③自然環境の保全機能、④良好な景観形成機能、⑤保健休養の場の提供機能、⑥文化の伝承機能、⑦情操かん養機能が示されている。この多面的機能という例示のほとんどは、水田農業、つまり水稲栽培と深く関わるものであった。この機能の経済的評価は年間7兆8788億円と試算された。この時点（平成9年）での農業粗生産額は9兆9886億円と試算されている。

JA長野中央会が東京大学大学院鈴木宣弘教授に依頼した「多面的機能支払い意思調査」によれば、①食料安全保障の確保、②地下水を蓄え水害防止、③水や大気の浄化、④生物多様性の保全、⑤農地・景観保全、⑥社会の振興、⑦伝統文化の保全、⑧人間性の回復、⑨自然体験の教育力の評価に対して、長野県民は1世帯当たり約18万円、都民は約23万円の支払い意思があることが分かった。長野県民の支払い意思額は合計1573億円と推定された。多面的機能の評価では、県民、都民ともに、①食料安全保障の確保が1位。これに県民では、⑤農地・景観保全、②地下水を蓄え水害防止が、都民では、③水や大気の浄化、⑨自然体験の教育力が続いたと報告されている（「日本農業新聞」２０２1年7月10日による）。

注

（1）食料自給率37・17％は、１９９３年度37・37％、２０１８年度37・42％を下回り過去最低となった。農水省は低下要因としてほとんどを国産で賄える米の消費減退をあげ、20年度の一人当たりの供給量は50・７kgと、前年より２・５kg減少した。

（2）東京都の認定を受けた認定ＮＰＯ団体。

（3）特別栽培米：２００１年に農林水産省が定めたガイドラインに沿って生産された米のこと。その地域で通常お米を栽培する時に使っている農薬の使用回数と化学肥料の窒素成分量を50％以下に抑えて栽培した米。

（高武　孝充）

第1章　WTO体制と平成農政

第1節　WTO体制に沿った農業関連法の改正

1　WTOの設立

プラザ合意の翌年、1986年からアメリカの主導で、貿易自由化を推進する目的でガット・ウルグアイ・ラウンドが始まった。わが国の細川政権は1993年12月、自由化を受け入れないとしてきたコメについては「関税化の特例措置」を適用する6年間の関税化猶予を得たものの、非関税障壁の全面的関税化を受け入れざるを得ず、その衝撃の大きさはそれまでの農産物自由化の比ではなかった。このラウンドの背景には、アメリカとEUとの農産物過剰問題と農業補助金削減問題が重くのしかかっていた。1994年、モロッコのマラケシュで、貿易協定であったガットに代わって、国連の1組織としての世界貿易機関（WTO）の設置が決定され、翌1995年設立された。WTOはすべての品目を関税

表 1-1　平成農政の変遷

平成 4（1992）年	**・新しい食料・農業・農村政策の方向「新政策」**
5（1993）	・細川連立内閣（8 党） ・「平成米騒動」 （不作により 258 万トンを輸入：作況指数 74） ・農業経営基盤強化促進法 （認定農業者・農地保有合理化事業） ・ガット・ウルグアイ・ラウンド合意
6（1994）	・村山内閣（自、社、さ）
7（1995）	・WTO（世界貿易機関）設立 **・食糧法施行**（輸入米 4 月施行、その他は 10 月施行）
8（1996）	・アメリカ 96 年農業法
10（1998）	・稲作経営安定制度導入
11（1999）	**・食料・農業・農村基本法** **・コメの関税措置**（輸入米：76.7 万トン・精米ベース）
12（2000）	・WTO 交渉（ドーハ・ラウンド）日本提案 （多面的機能≒非貿易的関心事項を強調）
13（2001）	・小泉内閣 ・ 野菜一般セーフガード発動（対中国：ネギ、生椎茸、イ草）
15（2003）	**・食糧庁廃止**
18（2006）	・第 1 次安倍内閣 **・担い手経営安定法**
19（2007）	**・品目横断的経営安定対策**
21（2009）	・民主党政権（鳩山、菅、野田内閣） **・農地法改正**（一般企業への農地リース制度など）
22（2010）	**・農業者戸別所得補償制度**
24（2012）	・自公連立政権（第 2 次安倍内閣 12 月～） ・国際協同組合年
26（2014）	・規制改革会議「農業改革に関する意見」 ・UNESCO 世界遺産登録「富岡製糸場と絹産業遺産群」 ・国際家族農業年

27（2015）	・農業の有する多面的機能の発揮を促進する法律（日本型直接支払制度、4月1日施行） ・TPP大筋合意 **・国連「持続可能な開発目標」（SDGs）**
28（2016）	**・改正農協法施行**（4月1日） **・農地法改正（農地所有適格法人への名称変更）** ・TPP国会批准（12月30日発効） ・規制改革推進会議「農協改革に対する意見」 ・「協同組合」のUNESCO世界遺産への登録（ドイツの申請による）
29（2017）	・酪農（生乳）指定団体制度廃止（2018年4月施行） ・「農業競争力強化支援法」成立・施行 ・国家戦略特区法（一般企業への農地取得） ・アメリカのTPP離脱（9月） ・日欧EPA大筋合意・発効（令和元年2月1日）
30（2018）	**・種子法の廃止** **・米の生産調整廃止（国は生産目標数量目安の提示のみ）** **・農業保険法**（4月施行） ・バイエル社（独）のモンサント社買収（6月） ・モンサント社除草剤グリホサートの発がん性裁判で敗訴 ・国連「農民の権利宣言」採択）（12月）
令和元（2019）	・「国連家族農業の10年」（2028年まで）
令和2（2020）	・新型コロナウイルス禍で主食用米の需要減 民間在庫過剰292万トン 備蓄米在庫92万トン（10月末）
令和3（2021）	・農水省が主食用米生産目標数量目安提示693万トン（700万トンを切るのは1910（明治43）年以来110年ぶり）

化し貿易を推進する機関であり、農業協定は加盟国・地域が守るべき強制力をもつものになった。

2 WTO農産物自由貿易体制への対応

(1)「新しい食料・農業・農村政策の方向」(平成4年)

グローバル化の進展を前提に担い手に絞った農業のあり方を「新しい食料・農業・農村政策の方向」(以下「新政策」)は示した。具体的には、土地利用型農業については、10年後を見据えて市場原理を基本とし、それに耐えうる担い手の育成と政策のあり方を示した。

すなわち、

1 食料政策は、効率的な生産を行い、内外価格差を縮小し、国内生産と輸入と備蓄によって国民に対する食料安全保障という国の責任を果たす。

2 農業経営の担い手は、効率的・安定的な経営体を育成する。市場原理・競争条件の一層の導入を図る政策体系に転換し、施策の集中化・重点化を図る選別政策を採用する。

3 具体的には、稲作「個別経営体」を15万程度で、その3分の2は野菜などとの複合経営。「組織経営体」群は2万程度で、これらで稲作生産の8割を占めるものとする。

4 農地の効率的利用を推進し、「個別経営体」の規模を10~20ha程度、「組織経営体」の規模は数集落に相当する程度に拡大する。

5　但し、価格政策については、市場原理・競争条件の導入と経営規模の拡大にタイム・ラグが生じないように留意する。

6　農村地域政策・環境政策についての多面的機能を図る上で施策を行う。

以上のような「新しい食料・農業・農村政策の方向」の提示の後、国内農政は新政策を基本として、またＷＴＯ農業協定に沿って「農業経営基盤強化促進法」（平成５年）、「食糧法」（平成７年）、「食料・農業・農村基本法」（平成11年）へと繋がっていく。

(2) 農業経営基盤強化促進法（平成5年）

翌１９９３（平成５）年に成立した「農業経営基盤強化促進法」は、認定農業者中心の施策の集中化・重点化及び規模拡大のための農地保有合理化事業（後の「農用地利用集積円滑化事業」）の導入をめざすものであった。これが、後（平成19年）の「品目横断的経営安定対策」という選別政策に繋がっていく。

(3) 食糧法（平成7年）

主穀貿易の国家管理を行ってきた食糧管理法による食糧管理制度がＷＴＯと整合しなくなったとして、食糧管理法を廃止して、食糧法を制定した。ＷＴＯ農業協定の受諾によって、コメのミニマム・アクセス及び麦類をカレント・アクセスとして輸入することになったからである。周知のとおり、食糧管理法は、太平洋戦争中の1942（昭和17）年2月に、東條内閣によって制定されたものである。内容は、食糧（主にコメ）の生産・流通・消費にわたって政府が介入して管理するというものであり、戦争遂行のための食糧の需給・価格の安定を目的にしたものであった。

この食糧管理法に代わる食糧法の正式名称は「主要穀物の需給と価格の安定に関する法律」であった。その第一条で、「この法律は、主要な食糧である米穀及び麦が主食としての役割を果たし、かつ、重要な農産物としての地位を占めていることにかんがみ、米穀の生産者から消費者までの適正かつ円滑な流通を確保するための措置並びに政府による主要食糧の買入れ、輸入及び売渡しの措置を総合的に講ずることにより、主要食糧の需給及び価格の安定を図り、もって国民生活と国民経済の安定に資することを目的とする。」とした。その意味するところは、食糧管理法を改正してＷＴＯ農業協定との整合性を図ったというところにあるのであって、食糧管理法が、政府買入・売渡価格を規定して「米穀の再生産を確保すること」（食管法第3条）、「消費者の家計を安定せしむること」（同4条）としたのに対し、食糧法は、政府が生産者米価・消費者米価を決定することはしないが、コメは国民の主食であるがゆえに、また生産者の経営を支える重要な農産物であるがゆえに価格の安定性が求められており、そのためには需給調整が必要であり、「政府による主要食糧の買入れ、輸入及び売渡しの措置を総合的に講ずることにより、主要食糧の需給及び価格の安定を図り、もって国民生活と国民経済の安定に資する」としたのであって、主穀管理の政府責任を免責したものではなかったのである。このことを強調したいのは、近年の政府の主穀管理についての不作為が食糧法違反であると考えるからである。

（4）食料・農業・農村基本法（平成11年）

農業基本法（昭和36年に）代わって、平成11（1999）年には、「食料・農業・農村基本法」（新基本法）が、WTO農業協定と整合性をとることを基本として制定された。その基本理念には、「食料の安定供給の確保」「多面的機能の発揮」「農業の持続的発展」「農村の振興」の4つが掲げられた。

「食料の安定供給の確保」をめざすとしながら、その第15条で規定された「食料・農業・農村基本計画」で目標を示すこととされた総合食料自給率目標（カロリーベース）が、平成12年計画で45％、次いで平成17年計画でも45％とされたことは、幅広い関係者から「失望」の声があがったのは当然であった。

なお、新基本法制定の平成11年には、WTO農業協定で「関税化の特例措置」を適用する6年間の関税化猶予を得たコメについて、ミニマム・アクセス量の増加よりも（初年度の平成7年で基準年（1986～88年）国内消費量の4％、42・6万トンが、6年目の平成12年には国内消費量の8％、85・2万トン）、関税化してミニマム・アクセス量の増加を抑えた方が有利だとして、関税化前倒しに踏み切ったことも記憶されてしかるべきである。これ以降、ミニマム・アクセス量は基準年の国内消費量7・2％の76・7万トンとされ、国内消費量が減少した現在にいたるまで、アメリカ政府にWTO農業協定違反だと提訴されるのを恐れているのか、奇怪なことに政府はミニマム・アクセス輸入を停止する気配はない。

(5) 担い手経営安定法（平成18年）

正式名称は「農業の担い手の農業経営に関する交付金の交付に関する法律」である。認定農業者、特定農業団体を対象に、生産条件不利補正交付金（ゲタ対策）及び収入減少影響緩和交付金（ナラシ対策）を支給する内容である。

生産条件不利補正交付金（ゲタ対策）及び収入減少影響緩和交付金（ナラシ対策）とは、

1　生産条件不利補正交付金（ゲタ対策）とは、全算入生産費と販売価格との差額を補てんする交付金（全国統一）であって3年ごとに見直されている。たとえば、小麦・大麦では、**表1—2**に示したとおりである。

表1-2　生産条件不利補正交付金（小麦・大麦）

1．小麦　（円・60kg）

品質区分	1等				2等			
	A	B	C	D	A	B	C	D
パン・中華用	8,990	8,490	8,340	8,280	7,830	7,330	7,180	7,120
上記以外	6,690	6,190	6,040	5,980	5,530	5,030	4,880	4,820

2．大麦　（円・50kg）

品質区分	1等				2等			
	A	B	C	D	A	B	C	D
二条大麦	5,520	5,100	4,980	4,930	4,660	4,240	4,110	4,060
六条大麦	6,000	5,580	5,450	5,450	5,400	4,550	4,430	4,380

注：1）ビール麦は対象外。ラー麦・硬質小麦はこれに2,500円が加算。
2）裸麦、大豆も対象であるが、ここでは表示しない。
3）全算入生産費：「肥料などの直接費」＋家族労働費＋資本利子・全地代算入費。
4）交付に当たっては売却済みであることが前提。

2　収入減少影響緩和交付金（ナラシ対策）とは、①補てん基準価格を県別3銘柄の3カ年移動平均価格、②拠出金単価は補てん基準価格の生産者2％・国6％負担として、③補てん単価を（補てん基準価格－当年産価格）×90％とするものである。

ということは、①3カ年移動平均の補てん基準価格の下落が続くと補てん金は下がっていくことになり、②麦類は±15％の値幅制限があるので、小麦であれば±300円の範囲内にとどまるが、③実際には、平成10年産米から導入された稲作経営安定制度では生産調整が達成しているにもかかわらず、補てん基準価格は下がり続けたのである。④国内の主食用米についても、第2次関税率（1kgあたり341円）を設定しているとの理由で「生産条件不利補正交付金（ゲタ対策）」の対象外とされた。それは、財源上の理由や、アメリカ精米業界（RMA）の圧力があったからだと考えられる。

（6）品目横断的経営安定対策（平成19年）

米政策改革の手始めとして、平成19年には「品目横断的経営安定対策」が導入された。これは、水稲、麦類、大豆など品目別に行われてきた経営対策から、これらを横断的な経営安定対策とするものであった。この考え方は、WTO農業協定に規定した「緑の政策」とされた「農業収入保険制度」の導入を背景にするものであったと考えられる。

これは、「新政策」（平成4年）が示した「効率的・安定的な経営体」（育成すべき経営体）に施策を集中化・重点化する政策の一環であった。

品目横断的経営安定対策の対象者は、認定農業者で経営面積が4ha以上（法人も認定農業者であれば4ha以上）及び集落営農でも特定農業団体（代表者名義の会計処理）では20ha以上の経営面積を対象にした。この要件に達しない農業者は対象外、つまり経営安定対策から除外するという選別政策だった。

その仕組みは「担い手経営安定法」で示した内容で、対象者を絞ったところがこの対策の特徴であった。ちなみに、福岡県は麦類の作付面積は北海道についで全国第2位の産地であったから、この要件を満たすために県内で説明会を何度も開催した。伝統的な水田二毛作を潰すわけにはいかなかったからである。この対策は案の定、全国の生産者から大きな反発を招き、平成21年の民主党（当時）政権誕生のきっかけのひとつになったのである。

第2節　民主党政権と農業者戸別所得補償制度

1　農業者戸別所得補償制度導入（平成22～23年）

1　平成21年8月に行われた衆議院選挙結果は民主党の圧勝だった。とくに小選挙区では北陸・東北において自民党は完敗だった。これはいうまでもなく、平成19年度から実施された品目横断的経営安定対策が選別政策であり、農業地帯の北陸・東北において農業者の不満が噴出し、反自民票が多く出たのは当然のことだった。当時、認定農業者からは「何のメリットもない」と言われ続けた選別政策を導入した結果だと言える。

2　民主党は「戸別所得補償制度」を前面にだし、農業地帯でアピールしたのが功を奏した。政府は稲作経営安定制度の制度設計のミスのため何度も基準価格の見直しを行ったが、農業者の不満は鬱積していた。この盲点を突いたのが「戸別所得補償制度」であった。

3　戸別所得補償制度の特徴と仕組み

①実は、平成21年（2009年）石破茂農水大臣の時に、同じような仕組みが検討されていたが、自民党内で潰されてしまった経緯がある。

②戸別所得補償制度の特徴は、選別政策ではなく、すべての水稲生産者に対して、生産調整対策への参加・不参加を各個人の自由な判断にまかせ、参加者に対しては10a当たり定額の交付金を支払うというものである。

③参加者に対しては、水稲作付面積当たり自家用米としての10aを除く作付面積に対して、10a当たり1万5000円を支払うとするものであった。

この1万5000円というのは、（第2次生産費－手取価格）を基本に産出した金額で、いずれも全国一律の平均額とした。面積当たりの交付金であるから、大規模作付け農家に多くの金額が配分される仕組みであり、これは選別政策ではなく「緩やかな構造改革」であった。この制度は全国一律の平均額とした点に着目すべきで、コスト削減努力や販売努力が個々人の収入に反映されるようになっており、制度そのものはアメリカの価格支持制度に類似している。

第3節　規制改革推進会議主導のアベノミクス農政

1　農業者戸別所得補償制度の廃止（平成24年）

まず、第2次安倍内閣が最初に手を付けたのが民主党の「戸別所得補償制度」の廃止であった。振り返ると、農業生産現場の目線に対して無知であったからこそなせる業であった。「戸別所得補償制度」は、農業者の評価はとりわけ大規模農業者の評価は高かった。大規模農業者ほど経営面積当たりの交付金が確実に収入として計算できるからだ。安定した収入と言える。

「農業者の評価が高い」と発言する自民党議員もいたが、総じてバラマキだとして平成24年12月自公連立政権誕生（第2次安倍内閣）とともに廃止されることが決まった。その発端は産業競争力会議（当時）の新浪剛史（ローソン会長：当時）が発言した「米の生産調整廃止及び10ａ当たり交付金というバラマキも廃止」がきっかけで、生産者の意を全く汲んでいないし、農村の現場がどういうものか全く関心を示していなかったのである。北陸・東北など米主産地の自民党議員も情けない。大規模生産者が評価していた面積当たりの交付金の廃止について、政府に異論を唱えるべきだった。

2　農協法の改正（平成26年）

規制改革推進会議が平成16年に発表した「農業改革に関する意見」は、農業の改革には全く触れておらず、その中身は農協の解体であった。具体的には、反ＴＰＰ運動を展開するＪＡ全中（全国農協中央会）及び都道府県農協中央会を根拠たる農協法からはずすか、地域農協の准組合員に対する利用規制を設定するか、の二者択一であった。

結果として改正された内容は、ＪＡ全中の一般社団法人化、都道府県農協中央会は連合会化とし、農協中央会に関する条文は農協法から第４章がバッサリ削除された。さらに、全農は一般株式会社化への選択を良とした。地域農協は「農業者の所得増大」を第一義とするなど政府の責任を地域農協に押し付け、信用・共済事業は農林中金及び全国共済農協連への代理店とする途を開いた。焦点となった准組合員の利用規制は５年後の法改正に委ね、農協自己改革の進捗と併せて判断するとした。

3　指定生乳生産者団体制度を廃止（平成29年）

政府の規制改革会議農業ＷＧは３月31日、「現行の指定生乳生産者団体制度を廃止する」との提言をまとめた。この件は規制改革会議の農業・農協改革論全体の問題も改めて認識する必要があり、農協の株式会社化の議論と同列である。しかし、安倍政権は強行して廃止に踏み切ったものの、数年後には規制改革会議が自信をもって参入させた一般株式会社が経営不振に陥った。歴史を積み重ねてきた「指定生乳生産者団体制度」の正当性が認められたわけである。

4　農業競争力強化支援法（平成29年）

「農業競争力強化支援法」は平成29年5月成立、8月施行になった。本法律が狙いとする要点を簡単にまとめておくが、先に触れた「農業の一層の市場原理化」「全農の株式会社化及び指定生乳生産者団体制度廃止」の延長線上と考えればよい。

- 全農の事業を解体・縮小し、民間の参入を図る。
- 農業を市場経済に投げ込む。
- 農業所得の向上については農協任せ。
- 市場経済に投げ込みながら、農業収入保険制度は再生産の保証を可能とする設計にはなっていない。

第1に、これは全農の事業を解体し株式会社への転換を示した改悪農協法の追い打ちであって、これについてはカナダ、オーストラリアの農協が株式会社に転換し、アメリカの大手穀物商社の買収にさらされて、農家組合員に多大な損害を与えたことを知る必要がある。

第2に、農業を市場経済に投げ込むたびに「再生産可能な所得安定制度」を作ると言っておきながら、「収入保険制度」の導入に逃げ込むものであった。これを「セーフティネット」というわけにはいかない。ちなみに、福岡県は2020年度の米作況指数が80、麦類も不作だったが、収入保険制度の補てん金はほとんど交付されていない。

5　米の生産調整廃止（平成30年）

廃止の経過に触れておく。2013年10月の産業競争力会議農業分科会（当時）に、主査の新浪剛史ローソン社長（当時）が提出したペーパーに「生産調整を中期的に廃止していく方針を明確化する」「平成28年には生産目標数量の配分を廃止し、生産調整を行わないこととする」と記されていたことがきっかけだ。ここで「廃止」とは、国が主体となって生産調整を実施するのではなく、国は生産目標数量の目安を示すだけで、民間（生産者、農業団体など）が中心となって生産調整の効果をあげるという実態をいう。

6　種子法廃止（平成30年）

種子法は昭和27年「食糧の増産という国家的要請を背景に、国・都道府県が主導して、優良な種子の生産・普及を進める必要がある観点」から制定された。ここでいう種子とは、米、麦類、大豆の種子である。農水省は、「都道府県が開発した品種は、民間企業が開発した品種よりも安く提供することが可能」であるために、民間企業が種子の育種事業に参入できず、これは「イコール・フッティング（対等の競争条件）ではない」ので、「平等に競争できる環境を整備する」ことが種子法廃止の理由だとした。

この公的育種が農業者にとっては低価格で安定的に種子を供給する重要な役割を果たしてきたのである。ちなみに、アメリカでは大豆を例にとると、１９８０年時点では公共品種が7割を占めていたのだが、１９９８年までには何と1割にまで減少したという。しかも、現在ではモンサント社（バイエル社が買収）やデュポン社などのバイオ企業大手4社で8割近い独占状態で、そのほとんどが遺伝子組み換え種子である。おそらく、長期的に見れば、わが国でも国内大手や多国籍企業の種子ビジネスに置き換わる可能性がある。その場合には、種子代は相当にアップすることが予測される。というのも、農水省の資料によれば、三井化学の「みつひかり」の価格は20kg8万円であって、「きらら３９７」（北海道）の11倍、「まっしぐら」（青森）の10倍もする。

表1-3　水稲種子の販売価格（20kg当たり）

開発者	品　種	価　格
北海道	きらら 397	7,100 円
青森県	まっしぐら	8,100 円
三井化学アグロ	みつひかり	80,000 円

出所：農水省

政府のこの種子法廃止に対しては、新潟県など米主産県を先頭に、各県の農政部が動き、県条例でもって種子法の実質的施行を維持する動きが広がったことは幸いである。

（髙武　孝充）

第2章　アベノミクス農政のどこが問題か

第1節　アベノミクス農政（官邸農政）とは

アベノミクス農政を特徴づければ、

第1に、農協を初めとする農業団体の解体（再編）である。旧規制改革会議が発表した「農業改革に関する意見」は、もっぱら農協を初めとした農業団体（農協、農業委員会）の解体もしくは再編の要求であった。

第2に、わが国農業を市場原理へ放り込み、一般企業の農業参入促進である。さらに、ミニマム・アクセス米輸入を止められず、自給率引き上げではなく、輸出に熱中する新自由主義農政である。

第3に、メガFTA（TPP11・日欧EPA・日米FTA）と呼ばれる環境を作りだし、わが国農業が縮小するのをごまかすために「農業は成長産業だ」と言い続けている。

要するに「美しい農村を守る」と言いながら、やっていることは農業・農協の脆弱化であり、一般企業の農業参入への環境整備だ。安倍首相が2018年度通常国会で自慢げに演説した「60年ぶりに農協改革を実施した」「岩盤にドリルで穴をあける」と言ったのはそういうことだった。また、「農協法」改悪に当たって、農水省経営局長（当時）奥原正明（元事務次官）は、農協法改正の趣旨説明で「農業は充分成長産業化が可能だ。6次産業化も見込まれるし、輸出も夢ではない。そのためには農協がしっかりと農業発展を本務とした職能組合に立ち返るべきである。組織的には農協の役員に農業やマーケティングのプロを入れるべきだし、それを補完する全農・経済連も大手企業と業務連携しやすいように株式会社化を進めるべきだ。農協が農業部門に専念するためには信用・共済は連合会にまかせて代理店化を進めるべきだ。そして、「地域農協」が独自の知恵を発揮するには集権的な中央会はいらないし、准組合員という他人が入っているのだから、その財産を守るためには第三者監査が必要だ。だから中央会制度はいらない。」と発言している（衆議院農林水産委員会、2015年6月4日）。これは安倍首相の代弁にほかならない。アベノミクス農政を田代洋一氏がわかりやすく図解してくれているので引用する。

アベノミクスを継承するとして2020年9月に誕生した菅内閣も農政はそのまま継承している。アベノミクス農政の目玉とされた2013（平成25）年からの「農地中間管理機構」――その目標は2023（令和5）年までに6万経営体に農地の8割を集積――の実現はむずかしくなったと断言できる。2020年末での全国での集積率は53・3％である。施行当初は協力金という効果もあって一定程度集積も進んだ。九州では佐賀県の71・5％が最高で、福岡県の50・4％と続く（20年度末）。福岡県の同機構担当部署は「集積しやすい地域はほぼ網羅した。これ以上はむずかしい。」と言う。しかも、集積された数値には〝からくり〟があり、国は農地バンク導入前の農業機械利用や農作業を地域共同で担う「集落営農」実施の面積も含めており、これらの農地等について利用権は設定されていないにもかかわらずカウントされているのである。

さらに、全国の耕作放棄地は、1990(平成2)年が21・7万haだったのに対し、2015(平成27)年には42・3万haと、25年間でほぼ倍増している。これは滋賀県の総面積に相当する。耕作放棄地の再生には10a当たり5万円を助成するということだったが、その対象となる耕作放棄地は農業振興地域内農地に限られる。耕作放棄地が多いのは

アベノミクス農政の全体図

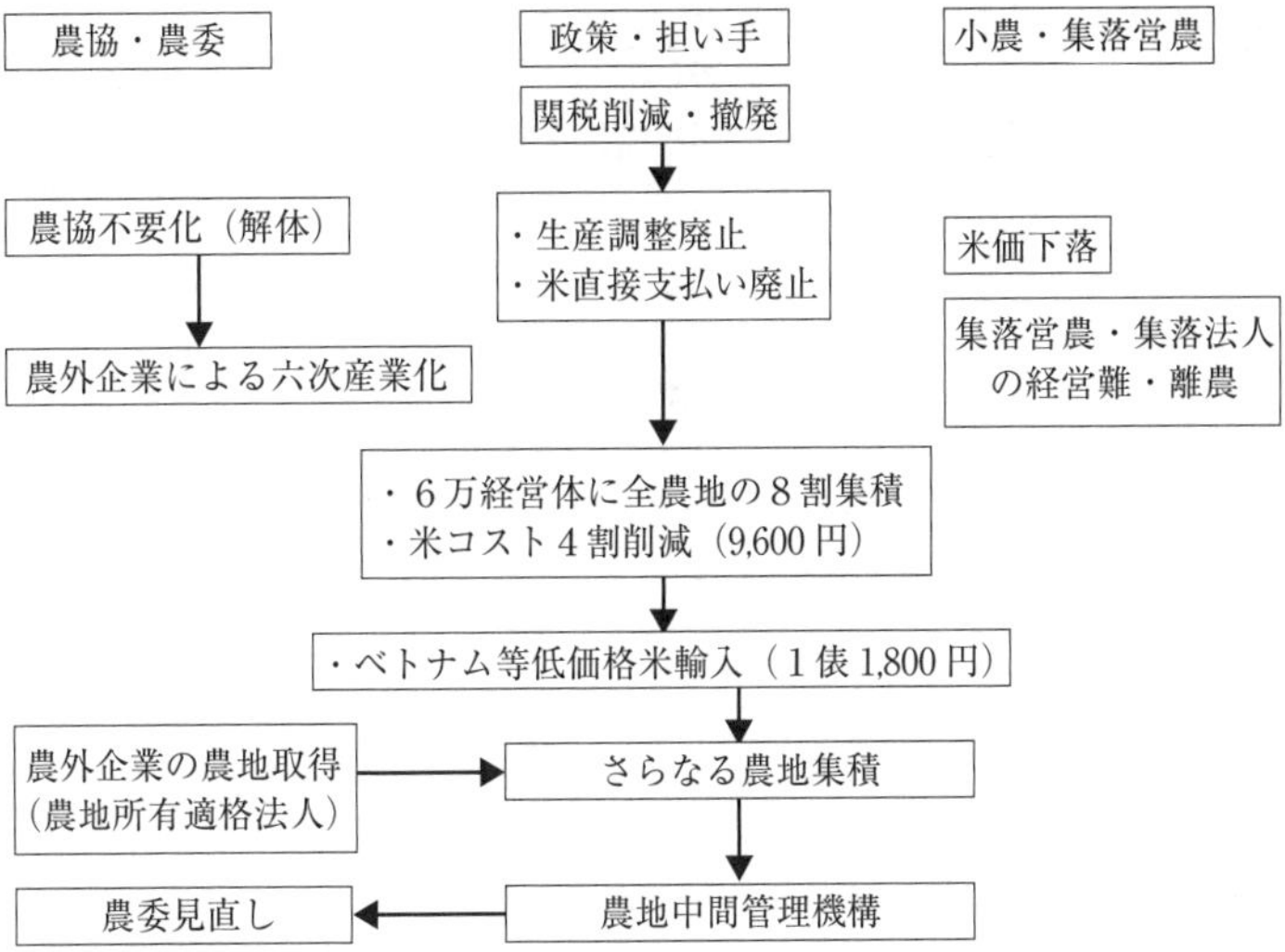

出所：田代洋一『戦後レジームからの脱却農政』筑波書房、2014年、8ページをもとに一部修正。

その地域以外の農地が多い。ここにも現実とのギャップがある。２０１５年以降、九州などで発生した豪雨災害によって荒廃した農地等があり、さらに増えているのではないか。

第２節　ＴＰＰ11等のさらなる自由化

参考までに、メガＦＴＡと呼ばれ、「農協解体の引き金」ともなったＴＰＰ11の大筋合意内容を次ページに示しておく。畜産関連の自由化はわが国にとっては相当に厳しい合意内容である。

第３節　米の生産調整の事実上の廃止は国の責任放棄で食糧法違反

米、麦、大豆など穀物の根拠法は「食糧法」（「主要穀物の需給と価格の安定に関する法律」）である。同法では、「主要な食糧である米穀及び麦が主食としての役割を果たし、かつ、重要な農産物としての地位を占めていることに鑑み、（中略）需給及び価格の安定を図る」ことが第１条に規定され、そのために「基本方針」（第２条）（注）で、「米穀の需給の均衡を図る生産調整の円滑な推進を図る」とされている。つまり、米は国民の主食であるがゆえに、また農業者の経営を支える重要な農産物であるがゆえに、価格の安定が求められており、そのためには需給調整が必要であり、それは食糧法にもとづき国の

TPP 大筋合意内容（概要）

品　目	TPP
米	・特別輸入枠新設（SBS 方式）米国 7 万 t、豪州 8,400t（サイドレター：3 会計年度のうち 2 会計年度で不落札が生じた場合は、マーク・アップを 15％下げるという約束） ・米国中粒種・加工用枠 6 万 t
麦	・現行マーク・アップを 45％削減（小麦では 17 円から 9 円に下がる） ⇒実質関税が 894 億円から 494 億円に減少 ・特別輸入枠新設（SBS 方式） 小麦 25.3 万 t、大麦 6.5 万 t
牛肉	・関税 38.5％⇒発効 1 年目に 27.5％⇒10 年目 20％⇒16 年目以降 9％ ・特別セーフガード発動は、たとえば 16 年目 73.8 万 t 輸入量になったときに関税 18％ ＊16 年目以降 4 年間発動しなかった場合特別セーフガード廃止
豚肉	・低価格帯の従量税（1 kg482 円）⇒10 年目に 50 円 ・高価格帯の従価税（4.3％）⇒10 年目に撤廃 ・特別セーフガードは 12 年目に廃止 ＊差額関税制度と分岐点価格（1 kg524 円）は維持
鶏肉	・関税（8.5％、11.9％）を 11 年目に撤廃 ・冷蔵丸鶏と冷凍鶏肉（丸鶏と骨付きモモ肉以外）は 6 年目に関税撤廃
鶏卵	・殻付（17～21.3％）の冷蔵・冷凍は 13 年目に撤廃、その他は 11 年目に撤廃 ・全卵又は卵黄（18.8～21.3％又は 1 kg48～51 円）の全卵粉は 13 年目に撤廃、その他は 6 年目に撤廃
野菜のほとんど	・生鮮、冷蔵の現行 3 ％を即時撤廃

（農水省資料による）

責任で行うということに他ならない。産業競争力会議（当時）のメンバー新浪剛史氏の発言「コメの生産調整は廃止すべきだ」に乗って、政府（農水省）は、同法を破ってまでも生産調整の事実上の廃止という結論を出した。両院の農林水産委員会でその是非を議論し、食糧法を改正してから行うのが筋であろう。政府の選択は明らかに間違っている。

（注）（主要食糧の需給及び価格の安定を図るための基本方針）
第2条　政府は、米穀の需給及び価格の安定を図るため、米穀の需給の適確な見通しを策定し、これに基づき、整合性をもって、米穀の需給の均衡を図るための生産調整の円滑な推進、米穀の供給が不足する事態に備えた備蓄の機動的な運営及び消費者が必要とする米穀の適正かつ円滑な流通の確保を図るとともに、米穀の適切な買入れ、輸入及び売渡しを行うものとする。

〈米の需給調整の鍵は飼料用米等へのインセンティブ次第である〉

政府の試算によれば、飼料米の供給は、家畜の生理や畜産物の品質に影響を及ぼさない範囲で技術的には445万トンまでは可能とのことである。もちろん、その集荷・保管・流通などの課題は残っている。2016年度で飼料用に米は142万トンが利用されているが、そのうち21万トンが備蓄米、70万トンがミニマム・アクセスによる輸入米であり、飼料用米生産量は51万トンだ（平成

29年度は48万トンで面積は９・２万ha）。

まだまだ国内で生産量を増やす余地は充分にある。当面、国内生産量は２０１５年の「食料・農業・農村計画」で努力目標として示された２０２５年目標１１０万トンが現実的だろうが、現行の倍の生産量に近づくためにも、「米の直接支払交付金（定額部分）」10ａ当たりで７５００円の廃止による財源７１４億円は有効な手段である。

第４節　国家戦略特区法で一般企業に農地取得の途を開く

まず、農地法制の体系を見ておこう。次に、重要な農地関連法の説明を行う。農地法制を時系列的に整理すると、表のとおりであるが、一般企業への解除条件付リース方式を実施したのは民主党政権（当時）であった。農地制度の根幹をなすのは「農地法」及び「農業振興地域の整備に関する法律」である。「農地法」は個々の農地の賃貸借、無償貸借、権利の移転が根幹である。農業委員会の許可を必要とし「特別法」的位置づけである。他方、「農業振興地域の整備に関する法律」（農振法）は、簡略に言うと昭和43年に成立した都市計画法に対応して農地が虫食い状態になるのを防ぐため、農業振興地域を面的に線引きして「農地を農地として使用する」主旨で制定された法律である。

1　農地法制

（1）平成21年改正農地法……株式会社への解除条件付農地リース方式

平成21年農地法改正は、従来の地域農業に影響を及ぼさないという条件で一般企業が農地の賃貸借を要望した場合は、これを可能とする法改正だ。一般に「解除条件付賃貸借契約」と呼ばれる。

（2）平成28年改正農地法

平成28年の改正は、農業法人が農地の権利取得（所有権は認めていない）を出来る場合の法人を「農業生産法人」と規定していた。この名称を「農地所有適格法人」に変更した。

平成21年法改正以降、平成30年時点では一般企業約3669社が参入しているが、黒字企業はおよそ3割程度にとどまるとされる。

2　国家戦略特区法と一般企業農地取得

（1）国家戦略特区法の成立

平成29年6月に成立した国家戦略特区法は、特区内（新潟市、兵庫

農地法制の体系

- 農地法　1952（昭和27）年
- 農業振興地域の整備に関する法律　1969（昭和44）年
- 農用地利用増進法　1980（昭和55）年
- 特定農地貸付法　1989（平成元）年
- 市民農園整備法 1990（平成2）年
- 農業経営基盤強化促進法　1993（平成5）年（の改正）
- 農地法改正（一般企業のリース方式）2009年（平成21）年
- 農地中間管理機構の推進に関する法律　2013（平成25）年
- 国家戦略特区法（一般企業の農地取得）2017（平成29）年

県養父市）に一般企業の農地取得を可能とした法律である。

養父市のケースでは、2015（平成27）年6月に（株）オリックス農業が設立され、翌7月から「やぶファーム」として約2・4haで米などの栽培を始めている。2018年4月からは、レタスなどを主に水耕栽培を始めている。不思議に思うのは事業主が「住環境協同組合」となっていることだ。時系列的にみて、平成29年に国家戦略特区法が成立することを2年前には知っていたことになる。おそらく、竹中平蔵氏らが絡んでいたと推測される。養父市作成資料では、農地取得をしたのは、6法人で合計1・622haとなっており、経営面積の1割未満にすぎないという。

（2）国家戦略特区法の2年間延長

令和2年6月、国家戦略特区法改正で2年間の延長がなされた。一般企業による農地取得がポイントだ

農業内部の農地調整	農業外の土地利用との調整
○農地法 ①耕作目的の農地の権利義務の制限（3条） ②賃貸借の解約等の制限（17・18条） ③遊休農地に関する措置（30〜44条） **○特定農地貸付法** ①市民等に農地を貸し付ける場合の制限 **○市民農園整備促進法** 市民農園区域の指定・開設の設定等、事業主体は市町村、農協等 **○農業経営基盤強化促進法** ①市町村基本構想策定（育成すべき担い手指標と農地利用集積目標） ②認定農業者制度 ③農地中間機構の事業の特例 ④農地利用集積円滑化事業 ⑤利用権設定等促進事業 ⑥農作業受委託促進事業 **○農地中間管理事業法** ①農地中間管理事業の実施等 ②農業者等による協議の場設置等	**○農地法** ①農地転用の制限（4・5条） ・農地改良等一時転用（4条） ・宅地等への転用（5条） **○都市計画法（昭和43年）** ①線引きによる開発規制 ・市街化区域と市街化調整区域の指定 **○農振法（昭和44年）** ①線引きによる開発制限 ・農業振興地域（農用地区域）の指定

が、農水省は、令和元年11月の特区WGの会合で、「ちゃんと耕作しますといって参入している。ところが、裏には大規模なデベロッパーがいて、大規模宅地造成に転じられたという歴史があった」と指摘している。

第5節　まともな経営所得安定対策であったか

1　見直しの連続であった稲作経営安定制度

農水省は、米価下落が続くなかで、WTOのAMS（国内総合助成額）削減のために、市場における価格決定の際に採用していた値幅制限（当時±13％）を撤廃して、1998（平成10）年産米から稲作経営安定制度を導入した。それ以降、稲作経営安定制度は見直しの連続であって、「価格は市場で所得は政策で」とは言うものの、価格下落基調ではこれは明らかに制度設計のミスであった。

2　稲作経営安定対策（平成10年～14年産米）

平成10年産米

補てん基準価格……銘柄別の3か年移動平均価格

拠出金単価……補てん基準価格の生産者2％：政府6％

補てん単価……（補てん基準単価－当年産価格）×80％

平成10年産米は基準価格に対して全体で10％以上の価格下落であったから、農水省は資金不足となり不足分は他の予算を補てん金に当てた。これに懲りたのか次年度からは拠出金の範囲内での補てんとなった。

（注）米価値幅制限の廃止――平成10年産米から導入した稲作経営安定制度と引き換えに「国内産米価格が下落基調」にあったにもかかわらず±3％から始まって±13％まで実施された値幅制限を止めた。いわば、米価格の下支え的役割を果たしていた値幅制限を廃止し、稲作経営安定制度の導入は「市場原理」へ突き進んだ仕上げの段階といってよい。

平成11年産米

補てん基準価格……銘柄別の3か年移動平均価格

拠出金単価……補てん基準価格の生産者2％：政府6％

補てん単価（補てん基準単価－当年産価格）×80％＋特別支払単価

（注）特別支払単価＝（補てん基準価格×1％）および（補てん基

平成10年度米の補てん単価など

品種銘柄	補てん基準価格	当年産価格	補てん単価			特別支払い単価		
			一般	担い手	計画外	一般	担い手	計画外
コシヒカリ	20,489	18,515	1,580	—	—	—	—	—
夢つくし	17,969	17,408	450	—	—	—	—	—
ヒノヒカリ	17,919	17,361	450	—	—	—	—	—
ほほえみ	17,297	17,143	120	—	—	—	—	—
つくし早生	16,932	—	—	—	—	—	—	—
日本晴	17,919	16,060	880	—	—	—	—	—
レイホウ	14,906	15,960	850	—	—	—	—	—
山田錦	24,906	24,906	0	—	—	—	—	—
加工用米	11,609	11,772	0	—	—	—	—	—

（出所）JA糸島資料

準価格＝当年産米価格－補てん金単価）のいずれか低い金額。

平成12年産米

補てん基準価格……銘柄別の3か年移動平均価格、ただし11年産米価格は補てん金を加えた金額

拠出金単価

一般コース……補てん基準価格の生産者2％：政府6％

担い手コース……補てん基準価格の生産者2・25％：政府6・75％

計画外コース……補てん基準価格の生産者2％：政府4％

補てん単価

一般コース……（補てん基準単価－当年産価格）×80％＋特別支払単価

担い手コース……（補てん基準単価－当年産価格）×90％＋特別支払単価

計画外コース……（補てん基準単価－当年産価格）×60％＋特別支払単価

平成13年産米　補てん基準価格の据え置き（12年産米を補てん基準価格とした。）

平成14年産米　補てん基準価格を7年中（最高・最低を除く）5か年平均とした。

3　稲作経営安定対策と日本型ＣＴＥ（平成15・16年産米）

補てん基準価格の据え置きや7中5平均方式は、農水省と全中の補てん基準価格等をめぐる主張は対

立した。その結果、政治的決着として措置されたのが、「補てん基準価格を原則にもどすかわりに、据え置きに見合う金額を地域水田農業再編緊急対策（日本型ＣＴＥ）として集落単位で交付できることにした。

4　稲作所得基盤確保対策と担い手経営安定対策（平成17・18年産米）

稲作所得基盤確保対策（以下「稲得」）は、生産調整実施者（&集荷円滑化拠出）を対象とするもので、以下の基準であった。

補てん基準価格……各都道府県単位に直近3か年の上場上位3銘柄の平均価格

拠出金単価・補てん基準価格の生産者2・5%：政府（2・5%＋300円）

補てん単価・固定部分（300円／60kg）＋補てん基準価格との差額50%

担い手経営安定対策（以下「担経」）は、稲得加入者&4ha以上の認定農業者または20ha以上の集落営農（集落型経営体）等を対象とするもので、以下の基準であった。

補てん基準収入……各都道府県単位に直近3か年の10aあたり稲作収入（稲得補てん基準価格を平均収量で面積換算）

拠出金単価……生産者拠出は補てん基準収入の1%（生産者1：政府3）

補てん金……補てん単価（10a）×加入面積

＊補てん単価（10ａ）＝収入差額の9割－稲得補てん金
＊稲得補てん金数量を面積換算した範囲内

5　収入減少影響緩和対策（平成19年産米～）

収入減少影響緩和対策（ナラシ、収入減少補てん対策）は、基本的に担い手経営安定対策と制度設計は変わっていない。変わったのは、①資金造成の負担割合が稲得・担経ではおよそ生産者1：政府2とされていたのが、今回の収入減少影響緩和対策では生産者1：政府3となり有利になったというのが農水省からの説明だ。②対象者が担経の対象者を基本に作業受託組織、複合経営者など一定の要件を具備すれば対象となるなど拡大措置がとられた。しかし、20年度からは市町村特認制度が創設され経営面積要件等が緩和された。

6　農業収入保険制度

農業収入保険制度を図で示しておいた。さて、この制度が「再生産可能な仕組みになっているのかどうか」。答えは否である。「ナラシ対策」と同じように、過去5カ年の移動平均額が基準収入となるので、メガＦＴＡ時代の価格競争を考えると否といわざるを得ない。しかも、基準収入の8割以下の収入で発動される。担い手経営安定法、牛・豚のマルキン（経営安定交付金制度）、生乳価格安定制度と比較しても極端に制度設計が悪いのである。加入者として想定されるのは、おそらくこれまでの農業共済では取り扱わなかった野菜、果樹、花卉、茶などの生産者だろう。また、青色申告者という条件もついており、生産者の3割にも満たないと予測されている。

7　収入保険の概要

●加入対象者……（注）5年以上の青色申告実績がある者の場合
肉用牛、肉用子牛、肉豚、鶏卵は、マルキン等の対象なので除く。

●補てんの仕組み
　基準収入は、過去5年間の平均収入を基本に、補てんの仕組み、

収入保険制度の概要
〈収入保険の補てん方式〉
●加入対象者…（注）5年以上の青色申告実績がある者の場合

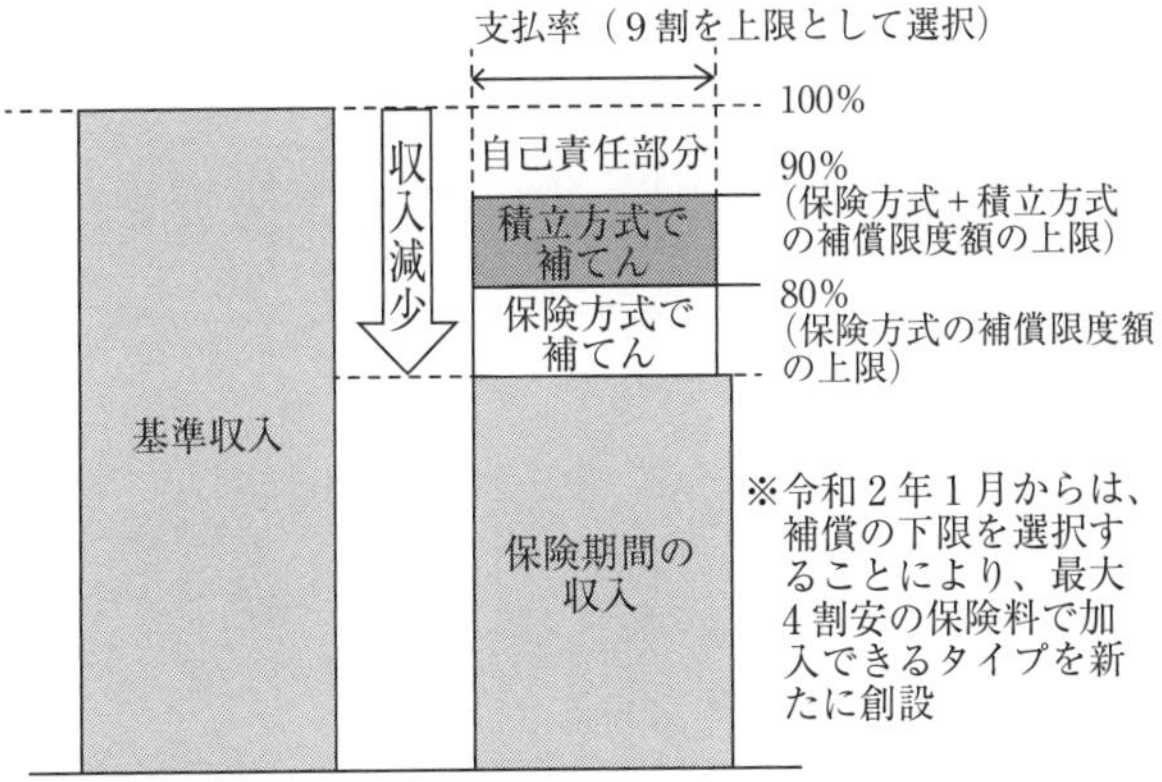

青色申告を行っている農業者（個人・法人）
※加入申請時に青色申告（簡易な方式を含む）の実績が1年分あれば加入できます。

対象収入

農業者が自ら生産した農産物の販売収入全体
※簡易な加工品（精米・もちなど）は含まれます。
※一部の補助金（畑作物の直接支払交付金等の数量払）は含まれます。

規模拡大など、保険機関の営農計画も考慮して設定。
＊＊保険期間の収入が基準収入の9割（5年以上の青色申告実績がある場合の補償限度額の上限）を下回った場合に、下回った額の9割（支払率）を上限として補てんする。
（1）補償限度額は基準収入の9～5割の中から選択。（令和2年1月からは積立方式の支払率は4割～1割の中からも選択）
（2）令和2年1月からは補てんの下限（基準収入の7～5割）が選択。
（3）「掛捨ての保険方式」に「掛捨てとならない積立方式」も組み合わせるかどうかは選択。
●農業者は、保険料・積立金を支払って加入（任意加入）。
（1）保険料は掛捨て。保険料率は、1・08％（50％の国庫補助後）で、自動車保険と同様に保険金の受取がない方は保険料率が下がる。
（2）積立金は自分のお金であり、補てんに使われない限り、翌年に持ち越される。75％の国庫補助あり。
●収入保険と農業共済、ナラシ対策、野菜価格安定制度などの類似制度については、どちらかを選択して加入。

〈土地利用型農業にとって担い手経営安定制度と収入保険制度のどちらが有利か〉

わが国の米・麦二毛作の営農類型の農業者からは、上記のいずれの経営所得安定対策に加入した方が良いのかとの質問をよく受ける。

まず、両者の大きな相違点を確認する必要がある。

ア．担い手経営安定法（以下「担い手安定対策」）による補てん基準については、主食用米価格の過去3カ年平均価格が補てん基準価格である。

　麦の場合は、①過去3カ年の平均価格が補てん基準価格だが、値幅制限（±3％）があるので小麦60kgでは2千円程度の価格の±300円の幅での価格で推移する。②これに加えて「全算入生産費」と手取価格との差額を補てんする「生産条件不利補正交付金」（ゲタ対策：旧麦作安定資金）がある。これは大豆も同じ。西南団地では、米、麦類及び大豆（ビール麦、黒大豆、種子用は対象外）の収入合計額が、標準的収入より下がった場合、その差額の9割が補てんされる。

イ．収入保険制度は、青色申告者で過去5カ年の米及び麦の平均収入が基準収入である。

　しかも、発動基準は基準収入に対して8割以下の場合であり、その差額収入の9割補てんだ。減収8割以上での補てん発動がネックであり、9割補てんを希望するのであれば、積立方式での補てん部分の拠出金を支払う必要がある。つまり、保険方式での補償限度額は8割であり、積立方式と併せて9割補償限度額となるしくみである。明らかにアの法が有利である。

ウ．担い手経営安定法による経営所得安定制度が有利担い手安定対策は、作物毎の経営安定対策であるから、各作物価格（≠収入）の増減によって相殺されることはない（当初の設計）。しかも、麦類（ビール麦を除く）については、全算生産費が保障される。つまり、再生産所得が保障される仕組みである。米については、主食用米手取り価格と3カ年移動平均の基準価格との差額（基準価格＞手取り価格）の9割が補てんされる。この前提は、同じ生産量で価格が下落し、収入が減少した場合であって、ウンカやいもち病などの自然災害による減収は従来の農業共済で補てんされることはいうまでもない。

収入保険は全収入5カ年と当年収入の差額の8割減少が発動基準あるから各作物の出来、不出来によって相殺される。最も不利と考えられるのは、8割収入減という発動基準である。農林金融公庫などで一時的に資金調達する場合に、「収入保険に加入していますか」と聞かれることがあることを数人の知人から聞いた。収入保険は制度設計も担い手経営安定対策に比べて魅力がないのである。果樹、野菜及び茶農家のなかには、今まで何もなかったので加入する生産者もあるであろう。しかし、青色申告が加入要件であるから期待以上の加入者はいないのではないか。

わが国の経営安定対策は、畜産、土地利用型（米・麦・大豆）及び収入保険と、別世界のように基準とするモノサシが異なる。将来、経営のリスク分散のための経営の複合化を選択した場合、加入に迷うのではなかろうか。

（髙武　孝充）

第3章　水田農業の活性化を支える農政を

第1節　農林水産予算の増額を求める

農林水産予算は、現行の2兆3千億円から3兆円規模にすることを切に要望する。

平成22年から令和3年までの10年間は2兆3千億円台にとどまっている。そのうち、農業関連予算は、この10年間1兆7千億円台である。このなかでもとりわけ、水稲栽培に大きく関連する国が共通して実施する戦略作物予算は、わずか約2千億円、都道府県が独自性を活かす産地交付金は約1千億円にすぎない。

ちなみに、防衛予算は平成2年度に4兆円を超えた。GDP1%以内という暗黙の了解のなかで、第2次安倍政権以降、毎年過去最大を7年連続で更新した。2020（令和2）年度は5兆3千億円、2021年度は5兆3422億円と最高記録を更新中である。

第2節　米政策への提言

1　生産調整の事実上の廃止は誤った判断である

２０１３年10月に、産業競争力会議農業分科会（当時）の農業には無知と言っていいほどの委員から「生産調整を廃止する方針の明確化、及び10ａ当たりの定額助成金1万5千円も廃止」とした私案が出されたのがきっかけで、２０１８年に生産調整は事実上廃止された。同時に行われた定額助成金の廃止も、大規模稲作専業農業者にとっては大きな収入減であった。生産調整の事実上の廃止は国内産米価格の不安定さを増幅させるものであった。政府は、以下の点で誤った判断をしてしまったといわざるをえない。

１　主食用米の需給調整廃止は食糧法に違反する国の責任放棄である。こんなにも簡単に政府は法に違反していいものか。

２　政権与党の国会議員は、この判断に対して生産現場の声を聞くどころか沈黙をしている。国民の食料安全保障に責任を持つという国会議員個々の存在価値が問われる。

３　これは、国民の主食である米を生産している農業者を「市場原理」の名のもとに放り出してしまうものである。国会議員には、新型コロナウイルス禍も加わって穀物が世界的にひっ迫するなど、米政策についてもっと真剣に勉強して欲しい。

2 政府備蓄米の水準は200万トンとし、柔軟な対応を期待する

コロナ禍のもとでの米消費量の減退と米価下落が顕著である。米生産者はこの20数年にわたって、米価の下落と低迷に苦しんできた。かつて1俵（60kg）で2万2000円を超えていた生産者米価は、今や1万4000円といったありさまである。しかもこれは、出荷団体（農協）と卸売団体との取引価格であって、運賃や包装代、消費税を含んだ価格なので、生産者の実質手取りは1万2000円というものである。

すでに見たように、アベノミクス農政を丸ごと引き継いだ菅内閣は、米価下落に対して緊急に米を買上げて市場から隔離し、備蓄に向けるべきだとするJAグループの要請にまったく応えようとしていない。何と、菅政権は、米の過剰在庫を解消するには、2021（令和3年）産の生産量を前年よりも36万トン（生産量の5％）を減らして693万トンにする必要があるとして、過去最大の減反拡大を求めたのである。

政府備蓄米は現在100万トンを基準として、棚上備蓄による20万トンを5年ごとに飼料米等に供給している。

第1に、新型コロナウイルス禍が証明したことは、とくに一人親世帯の子どもが189万人も存在

し、20歳未満人口の1割にも相当するという事実である。一人親世帯の子どもの全てが貧困に陥っているとはしないが、内閣府や厚生労働省などとの連携で、ご飯をはじめ、食事を必要とする人数を把握し、「食育の一環」などと上限を限りなく小さくするのではなく、無償支援することは国の責任である。

第2に、農水省は飼料用米の「将来家畜に利用可能量」は445万トン程度と試算している。その内訳は、下図の利用可能量（家畜の生理や畜産物に影響を与えることなく給与可能と見込まれる水準）のとおりである。備蓄米を飼料用に向ける輸入トウモロコシは1千万トンである。飼料に転換する余地はまだ十分にあるのであって、貧困世帯対策とあいまって、政府備蓄米200万トンは決して多すぎる備蓄量とはいえないのである。

利用可能量445万t	
・採卵鶏	125万t
・ブロイラー	192万t
・養豚	85万t
・乳牛	30万t
・肉牛	13万t
＊輸入飼料トウモロコシ	1,000万t

3　作況指数の基準値は最低でも選別網目（ふるい目）1・8ミリとすべき

主食用米として流通する米の選別網目《あみめ》（ふるい目）の各県での実際は、1・8ミリから1・9ミリの範囲にある。ところが、農水省の作況指数の基準値は1・7ミリであって、これを採用している都道府県は存在していない。農水省の資料によれば、網目（ふるい目）1・8ミリとしているのは16都府県、

1・85ミリとしているのは18府県、1・9ミリとしているのは13道県となっている。特徴的なことは、米主産地とされる北陸・東北・北海道は網目1・85〜1・9ミリだが、それ以外は1・8〜1・85ミリであることだ。1・7ミリを1・8ミリ以上にすれば、ふるい下米（くず米）の増加で、主食用流通量は4〜5%程度の減少になる。2021年産の生産数量目安は693万トンだから、実際の流通から生産数量目安を計算すれば729万トンになる（693万トン÷0・95）。全国で100万人近くが関わっている水稲に関して、机上の計算で不安をあおることを止めて、まず実態に合わせて1・7ミリ基準値を見直すというのがしごく当たり前の考え方ではないだろうか。このことについては、生産者側からはかなり以前から指摘されてきたことだが、農水省は頑なに変えようとしてこなかった。われわれは今こそ改訂を求めたい。

4　ミニマム・アクセス米について見直す時期にきている

WTO農業協定でわが国は、1995年から6年間は米の「関税相当量」の設定をおこなわず（「関税化特例措置」）、そのかわりに95年に基準年（1986−88年）の国内消費量（1065万トン）の4%（42・6万トン）、2000年に同8%（85・2万トン）のミニマム・アクセスを約束した。ところが1999（平成11）年、農水省はミニマム・アクセス量を増やすより関税化した方が有利だとして、関税化をJA全中（当時）に持ちかけて、交渉権限のないJAに組織討議を行わせた。結果ははじめから予測されたように、6年間の「関税化猶予措置」を5年で放棄して関税化を受け入れた。その結果、2000年から基準年消費量の7・2％、76・7万精米トンを、毎年今日まで後生大事に「輸入義務」として輸入している。

さて、政府は、新型コロナウイルス禍の影響があったとはいえ、本年令和3年の米生産量目安を110年ぶりに700万トンを割り込むものとした。稲作生産者を含めてまさに「驚愕的」である。民間在庫及び需要量709～715万トンを勘案した目安だという。毎年輸入しているミニマム・アクセス量は現在の国内消費量の10％超という水準になっている。単純に計算しても、ミニマム・アクセス輸入量は51万トン程度でいいはずだ。25万トンの輸入は最低削減できる。わが国以外のWTO加盟国・地域はミニマム・アクセスを、たとえ国家貿易であっても「輸入義務」とはとらえず「輸入機会の提供」としており、したがって輸入枠を遵守していない。これだけ稲作生産者は苦労している。農水省、通産省及び外務省は連携して輸出国とミニマム・アクセス輸入量の削減交渉に入るべきだ。

5　再生産可能な経営安定対策を

米は供給過剰基調により国内産価格は下落することが予測されている。与党議員の方々は、これによる収入減は「担い手経営安定対策」あるいは「収入保険制度」によって収入は保障されている、と言うだろう。また、TPP11、日欧FTA、日米FTAなど二国間自由貿易協定の締結の都度、「再生産を可能にする経営安定対策を講じる」と繰り返してきた。それが、2018年の収入保険制度であるとするならば、勉強不足も甚だしいと言わざるを得ない。わが国の再生産を保障する制度は、西南暖地では麦類や大豆に適用されている「生産条件不利補正交付金」だけだということを肝に銘じて欲しい。

2021年産米は過剰気味となる、と専門雑誌は予測している。ならば、早急に制度を見直して欲しい。

〈中山間地域等直接支払交付金は個人支払いなど柔軟に対応すべき〉

中山間地域は、「美味しいお米」の産地というのが一般的評価だ。これをみすみす耕作放棄地にして、米づくりをやめてしまうのはもったいない。

中山間地域は担い手の高齢化もあって、水田の維持に苦労している。米の生産費は平坦地に比べて確実に大きい。平坦地の米平均生産費（60kg）が1万5千円、中山間地では2万円というのが平均である。

2000（平成12）年度から実施されている「中山間地域等直接支払制度」は、第1期対策（平成12〜16年度）から第4期対策（平成27〜令和元年度）を経て、高齢化に配慮した、より取り組みやすい制度への見直しをおこなったうえで、令和2年度より第5期対策として新たなスタートが切られている。この制度は、食料・農業・農村基本法35条（注）を根拠として導入されたもので多面的機能の確保、換言すれば環境保

表3-2　中山間地域等直接支払い

	急傾斜	緩傾斜
田	2万1,000円	8,000円
畑	1万5,000円	3,500円

全という意味合いをもった制度でもある。

問題は、この直接支払制度は、対策期間の5年間にわたって農地の保全を義務づけており、その支払いは生産者個々人ではなく、制度に参加する「協議会」になされることになっている。したがって、一般的には農地を管理する生産者には直接支払い助成金の50％しか支払われていない。そうしたなかで、この直接支払制度への参加が躊躇され、全国的には交付面積も支払額も減少・停滞状況にある。

そこで期待されるのは、中山間地域の水田には、この中山間地域等直接支払制度とは、別に、生産農家には平坦地との米生産費差60kg５千円の直接支払いを支給すべきではなかろうか。

（注）35条第2項：国は、中山間地域等においては、適切な農業生産活動が継続的に行われるよう農業の生産条件に関する不利を補正するための支援を行うこと等により、多面的機能の確保を特に図るための施策を講ずるものとする。

6　飼料用米等の作付けで地域内飼料自給率のアップを

飼料用米については、多収性品種の導入や10ａ当たり収量に応じて5万5千円～10万5千円の交付金を国は準備している。しかし、10万円に達する交付金を得ている生産者はきわめて少ない。飼料用米交付金は、採算の合う10ａ当たり7万5千円～12万5千円にすることを要請する。

ＷＣＳ稲は、稲穂が熟する前に繊維の多い茎葉部分と栄養価の高い子実部分をいっしょに収穫してサイレージに調整したものだ。とくに乳用牛の飼料として好適である。

飼料用米・ＷＣＳ稲に加えて、パックご飯、米粉、日本酒、焼酎などの加工用米も、水田農業の活性化には重要な役割を担うものである。

とくに、飼料用米とＷＣＳ稲の生産増は、畜産の地域内飼料自給率のアップに貢献する。ＴＰＰ11を初めする二国間自由貿易協定は、とくに畜産物の関税引き下げによる国内畜産物価格の引き下げ圧力を強めているだけに、地域内飼料自給率のアップをめざす耕畜連携が焦眉の課題になっており、飼料用米やＷＣＳ稲の生産とその政策的バックアップが求められる。

第3節　自給率アップをめざす生産刺激策を

わが国の最近の耕地利用率は90％台前半で低迷している。とりわけ、１０００万トンを超えるトウモロコシ輸入が穀物自給率を25％（カロリー・ベース）という恐るべき水準に押し下げていることからすれば、水田利用率を麦・大豆・飼料作物栽培で大幅に引き上げることが求められる。

農業基本法（１９６１年）農政が本格化していた１９６５年には、水田はまだ１４０％も利用されており、この年の食料自給率は73％であった。ところがその10年後の１９７５年には水田利用率は97・６％と１００％を下回り、食料自給率も54％に落ちた。その後の稲作減反と麦・大豆作の壊滅的後退は見てのとおりである。そして、最下段の２０２０年の数値は、食料自給率の40％から50％への回復を目標にした民主党政権の「食料・農業・農村基本計画」（２０１０年）が示した水田の主要作物作付け目標（水田利用率１３５％）である。穀物の輸出規制にも動じないわが国の食料安全保障は、この目標の達成を当面の目標にすればよいのである。

主食用米はその完全自給に必要な作付面積を確保したうえで、麦・大豆の生産拡大を本格化させる。加えて、飼料米やＷＣＳ稲、さらにソルゴーなどの飼料作物を本作化する。

水田利用率アップにともなって水田地力の維持が課題となる。緑肥作物、たとえばルーサンなどのマメ科牧草の水田輪作作物としての導入が検討されてよい。農政は総じて、以上のような、自給率アップ目標達成のための生産刺激策に全力をあげるべきである。

（髙武　孝充）

表 3-3　水田の主要作物作付け面積（万 ha）

	水田面積	水稲	加工用米	麦	大豆	なたね	れんげ	水田利用率（％）
1960	315	315	0	66	51	9	27	149
1965	316	312	0	90	18	4	17	140
1975	296	272	0	8	9	0	0	97.6
1980	286	238	0	21	7	0	0	93.0
1989	269	210	0	26	15	0	0	93.3
1995	258	211	0	12	7	0	0	89.1
2003	244	167	0	18	15	0	0	82.0
2007	239	171	3	10	10	0	0	81.2
2015	239	140	10	28	14	0	0	80.3
2020	235	162	29	65	40	10	10	135

出所：農水省統計より作成

第4章　水田農業の活性化をめざす西南暖地

第1節　田畑輪換に向けて水田利用率引上げ

1　ラー麦で麦作拡大─福岡県ＪＡ糸島

座談会───山﨑重俊（ＪＡ糸島代表理事組合長）・井田磯和（糸島稲作経営研究会会長）
司会：高武　孝充

◆糸島市が『輝く小さな街』世界ランク第3位に選ばれる

高武　糸島市は人口約10万人の街で、豊かな自然が生み出す美しい景観や、山と海の幸を生かした逸品がＳＮＳなどを通じて評判となり、観光地として人気を博しています。また、ＪＲや高速道路を利用することで福岡市中心部の天神や博多まで40分程度と交通利便性も高いことから、近年は交流人口にとどまらず、定住人口も増加しています。ところで、英国を拠点にした世界的な情報誌『ＭＯＮＯＣＬＥ（モノクル）』が、人口25万人未満の街を対象とする『輝く小さな街』２０２１年ランキングで、この糸島市を世界第３位に選びました。まず山崎組合長にお聞きします。

山崎　糸島市の評価については、「糸島ブランドの豚肉、牛肉、農産物で知られ、玄界灘に面し、おいしく安価な海産物もある。酒屋や製塩所などもあり、何でもそろい、若い農業者や小規模事業者が活躍し、生活の質も高い。」と紹介されています。嬉しいですね。第一次産業を糸島の誇るべき資源として、新鮮で安全な食材を提供することが私たちの責務です。多くの先輩たちが営々と築いてこられた結果です。糸島食材の開発や提供は行政をはじめ、「糸島市食品産業クラスター協議会」で実施しています。ＪＡ糸島には、１９６２年に広域合併して以来60年近くの歴史がありますが、２０１８年度には、販売品販売高１０８億円の最高額を達成しました。

山﨑重俊代表理事組合長

　私たちの「まるいとブランド」へのこだわりは頑固といってもいいでしょう。「地産地消」の実践として２００７年４月に開設した直売所「伊《い》都《と》菜彩《さいさい》」の売上金額は全国トップです。高齢者の方に配達もしています。学校給食への食材提供はもちろんのこと、福岡大学病院の「糸島食事」も好評です。さらに、糸島漁協や市内の食品総合商社などとコラボして開発した糸島産ラー麦麺の「鯛だしまるいとちゃんぽん」は、日本農業新聞主催「一村逸品大勝」の「大勝」に輝きました。

まるいブランドの商標

◆米づくりに生涯をかける集団「糸島稲作経営研究会」

高武　「糸島稲作経営研究会」（以下「稲研」）の井田会長にお聞きします。稲研のみなさんは、米づくりに生涯をかけていますね。

井田　この座談会に私が参加を求められたのは、全国の稲研で事務局が農協にあるというのはこの糸島だけだからでしょう。稲研は１９８５年に親父《おやじ》の世代が糸島市内の稲作専業農家と47名で立ち上げた組織です。会員数47名が減っていないのは、後継者が育ち、私の家のように3世代会員もあるからです。会員の平均年齢は年々若返っています。これは私たちの誇りです。

「坪刈り」など、稲作技術向上のための研修会は欠かせません。最近では、人工衛星利用のＧＰＳよりもずっと正確な圃場管理やトラクターの自動運転を可能にするＲＴＫ（高精度位置情報システム）基地局の設置を農協がやってくれるので、私たちは先頭に立ってその活用をしようと考えています。

山﨑　糸島の耕地面積は４２４０ha、水田面積は３４９０haです。そのうち水稲の作付面積が１９９０haですから、水田の57%です。これが半分以下になれば確実に耕作放棄が進みます。それでは、「山紫水明の地・糸島」のイメージが壊れてしまいます。糸島の水田の４分の１を担っている稲研のみなさんには、これまで以上にがんばってもらわなければなりません。

◆主食用米にも再生産可能な経営安定対策を

高武　少し角度を変えて井田会長にお聞きします。昨年２０２０年の6月末は主食用米の民間在庫が２２０万トン、国の備蓄在庫が92万トンという状況のもとで、農林水産委員会では、国に対して主食用米の買い上げが提案されました。ところが、野上農相は「価格の下支えを目的に買い上げるのは制度の趣旨にそぐわない」と否定しました。この発言をどう受け止めますか。

井田　野上農相は富山県という稲作大県の出身でありながら、こうした発言は納得できません。新型コロナ禍は予期せぬ災害であって「制度の趣旨にそぐわない」とか言っている場合ではありません。国の備蓄として少なくとも60万トンは買い上げて、主食用米の需給を安定化させる対策をとるべきです。主

井田磯和糸島稲作経営研究会会長

食用米の価格低下は、稲作農家の生産意欲を確実に削いで、耕作放棄につながります。主食用米から飼料米に転換せよというのなら、主食用米との比較で収入格差が大きい飼料米についての交付金を、現在の「5万5千円～10万5千円」から2万円程度引き上げて、「7万5千円～12万5千円」にしてほしいものです。

高武　2020年産米は作況指数が全国で99、福岡県では何と80にまで落ちています。ところが新型コロナ禍の影響による米需要の落ち込みがひどく、主食用米過剰と価格低下という大変な状況になりました。山崎組合長にお聞きします。東北地方では60kg当たり概算金が9000円～1000円下がっていますが、JA糸島では昨年並みの概算金にすると決断されました。その理由をお聞かせください。

山﨑　2020年産米の販売価格は低いと予測はしていました。だからといって、生産者の立場からすれば、概算金を安易に下げてもらっては困るということでしょう。幸にも糸島産米は評価をいただいており、「糸島産だから買う」という業者もあるのが頼りです。もう一度、販売力の強化を図ることで乗り切りたいと考えています。

私は、主食用米の需要が減少する状況下では、飼料用米など主食用米以外への交付金の増額などで稲作の維持が重要だと考えます。世界で10億1千万人の飢餓人口の中で、東南アジアがそのうちの50%強の5億3千万人を占めているというではありませんか。RCEPに合意・署名したわが国政府には、国際的視点で飢餓の解消に向かって貢献してほしいものです。それこそが、国連が世界の国々に提案している持続可能な開発目標（ＳＤＧｓ）の「貧困」の解消にも貢献すると思います。

井田　私たち生産者にとって大変有り難い話です。昔から「おらが農協」と言われてきただけのことはあります。

髙武　１９４７（昭和22）年12月に農協法が施行されましたが、翌年2月に、全国のトップを切って認可されたのが「福吉村農協」でした。現在のＪＡ糸島福吉支店です。山﨑組合長の「多くの先輩たちが営々と築いてこられた結果」をしっかり継承したいという思いと、「おらが農協」とともに糸島水田農業を守るという井田会長の心意気を聞くことができました。ありがとうございました。

２　米麦大豆作で水田利用率１３０％――福岡県ＪＡ柳川

ＪＡ柳川が管内とする柳川市は、「水郷《すいきょう》柳川」（柳川に生まれた北原白秋が水郷《すいきょう》と呼んだことにちなむ）で有名である。広大な筑後平野の西南端にあって、筑後川と矢部川に挟まれ、有明海に面した平坦地の

髙武孝充

JA糸島直売所「伊都菜彩」

クリークが縦横にめぐらされた肥沃な水田3850haで、温暖多雨な気候を生かした土地利用型農業と施設園芸を複合した農業が展開されている。水稲1850ha、小麦2800ha、大豆1400haの普通作に加えて、施設園芸を中心にナス、イチゴ、アスパラガス、トマト、オクラ、さらにブドウ、イチジクなど果樹栽培があって、JAの農産物販売額は52億円にのぼる。

新谷一廣代表理事組合長（65歳）にインタビューした。

新谷一廣代表理事組合長

◆集落営農の力を発揮して水田利用率130％超

――水田利用率132・7％という高い数値には驚いています。この高い水田利用率の理由はどこにありますか。

JA柳川の現在の組合員数は1万759人、うち正組合員数は6170人です。従来から土地利用型農業が中心でしたが、集落営農、当JAでは「営農組合」と呼んでいますが、それを組織する大きなきっかけになったのは、平成19年度から実施された品目横断的経営安定対策です。認定農業者4ha以上、集落営農（特定農業団体）20ha以上の経営面積が対象という要件でしたから、要件をクリアするために集落営農育成を始め、水稲を中心に大豆、麦類のブロックローテーションに取り組みました。営農組合数32組織（うち法人化が24組織）を数えます。管内3850haの水田の7割近くは、営農組合が集積しています。

転作作物は大豆が中心です。従って、大豆作付けは県内で常に3位以内で、大豆加工品として開発した大豆を利用したマヨネーズ風ドレッシング「まめマヨ」は、日本農業新聞主催の「一村逸品大勝」を受賞し、商標登録もしています。また、伝統的な水田二毛作を維持するために、裏作の麦については、60kg2500円の交付金のある硬質小麦（ミナミノカオリ）の作付けを推奨しています。さらに、集落営農の機械共同利用の推進に加えて、集出荷施設についての共同利用施設の再編を活かした生産販売体制の構築をめざして、カントリーエレベーターの統廃合を進めてきました、平成29年には総事業費36億円をかけて南部地区カントリーエレベーターを建設しました。これは、4つのカントリーエレベーターと1つの大豆乾燥調製施設の機能を再編統合したもので、保管能力は1万トンで、都府県で

大型カントリーエレベーター

小麦播種前の施肥作業

は最大級の規模を誇ります。カントリーの荷受け情報を携帯電話で受け取れる「メッセージ配信システム」で生産者の出荷調整を行い、軽量「メッシュコンテナ」で収穫米麦・大豆を運んできたトラックをそのまま計量できる「トラックスケール」、さらに「回転リフト」を導入して、以前の半分の時間や作業量で荷下しできるようになりました。

◆土地利用型農業と高収益型農業が販売高の9割以上

――そうした努力のなかで、土地利用型農業と野菜など高収益型農業で、JAの販売高の9割以上を占めることになっているのですね。ところで、今年度は新型コロナウイルス蔓延の影響で主食用米が過剰になり価格が低下しています。来年度産主食用米の生産目標数量は相当下がることが予測されます。今後の柳川水田農業の方向をどう構想されますか。

まず、こういう時にこそ、政府の備蓄米在庫は150万トンに増やすなどの対応が求められます。農水相は「価格の下支えなどを目的に国が買上げるのは制度の趣旨にそぐわない」と否定していますが、新型コロナ禍は予期せぬ災害であって、そんなことを言っている場合ではありません。食糧法の正式名称は「主要食糧の需給及び価格の安定に関する法律」であって、国が主体的に需給と価格の安定化を図るというのが基本です。こういう時にこそ国が前面に出て主食用米の需給の安定化に全力をあげるべきです。

そして、私は、米の消費が毎年約10万トン減少していることに危惧しています。いかに、日本人の「米離れ」を回避していくのか、古来からの「日本型食生活」が健康寿命に大きく貢献していることを、国民に啓蒙していくことも重要なことと思います。

そのうえで、JA柳川は、伝統的な水田二毛作と大豆を中心に水田利用率の向上を図ることを基本に農業者の所得増大を図りたいと考えています。

◆組合員との対話活動と「組合員大学」に期待高まる

――組合員との対話活動を重視されていますが、どのような意見が多いですか。

多くの意見が出されますが、まとめますと以下に絞られます。

・「収量の増大」につながる営農指導の強化
・柳川独自で行っている土壌改良剤の散布助成のさらなる拡充
・JAでの大型農機免許取得への無料講習はありがたい
・スマート農業の取り組み強化をして欲しい

・メール配信やＳＮＳ等による中身の濃い情報はありがたい。これからも多面的に多数発信して欲しい
・職員教育を徹底し専門的知識を持ったプロ職員の育成をお願いしたい

今後は、この実践に向けて具体的な議論をしていきたいと考えています。

——本年度開講された「組合員大学」の受講生はまじめで積極的と感じますが、手応えはどうですか。また、准組合員向けに「広報誌」を発行されていますね。反応はどうですか。

本年度より、将来のＪＡを担う次世代のリーダー育成のため組合員大学を始めました。協同組合を一から学んだ組合員は、「なんでＪＡが必要なのか初めてわかった」「身近にＪＡを感じた」「もっと他の地域のことも知りたい」など、積極的な意見が多く、手ごたえを感じています。２期生の募集や、今の受講生の次のステップなど継続したＪＡとの関係強化について検討をしています。

昨年度末に、初めて准組合員向け広報誌を発行しました。融資の関係で准組合員になられた人からは、「ＪＡが身近に感じられた」「金融以外でもＪＡをもっと利用したい」「中身がわかりやすくＪＡを身近に感じた」などのご意見が寄せられました。また、正組合員から農業をリタイヤし土地持ち非農家

の准組合員となった方々からは、「ＪＡが引き続きよくやっている」「いろんな情報がもっと欲しい」と喜ばれています。

◆経営理念は「地域とともに歩む」

――柳川を魅力的な都市にしているのは、「水郷柳川《すいきょうやながわ》」の存在です。その保全には、周辺の水田農業あってこそのものと考えられます。都市化によって水田が消えてしまっては「水郷」はその価値を半減させます。そういう意味で、ＪＡ柳川が経営理念として掲げられている「地域とともに歩む」は、たいへん意味深いですね。

農業が環境の保全や、美しい景観の維持など多面的な機能を持ち、水田は水資源の涵養と緑地保全に寄与していることは常識です。この環境を将来に引き継ぐために水田農業の維持・継続が不可欠だと考えています。「水郷柳川」には観光のイメージが強いと思われがちですが、近年の度重なる豪雨で被害を受けないのは、掘割や水田によるダム機能の発揮や農業者による献身的な用排水ポンプ管理によるものので、農業は観光地「水郷柳川」を支える大切な産業であることを広くＰＲし、行政との関係も強化したいと思います。

１００万人を超える観光客に対するＪＡ柳川特産物の販売については、６次化商品による販売拡大と、ＪＡ柳川農産物キャラクター『センドくん』を活用し観光客を含め全国の消費者に向けたＰＲ強化を考えていますし、新たなＪＡ直売所の設置を模索していきます。キャッチフレーズ「農の宝あふるる柳川の贈り物」で農業の展開を考える毎日です。少し、大げさに言えば、国連が世界の国々に呼びかけて実施している持続可能な開発目標（ＳＤＧｓ）17項目のいくつかに貢献していると思っています。

ＪＡ柳川は、６ＪＡが30年前に合併し、その後行政も15年前に合併し、１ＪＡ１行政が実現しました。「地域とともに歩むＪＡ柳川」を経営理念にかかげる農協として今後とも行政・漁協・商工会議所などと柳川の発展の為、全力を尽くします。

ＪＡ柳川のシンボルマーク「センドくん」は、水郷めぐりの船頭さんを生きのいい新鮮な農産物で表現。自然や豊かな水郷柳川の農産物を表しています。

JA柳川のシンボルマーク「センドくん」

3　経済連が米販売をバックアップ――福岡県ＪＡ全農ふくれん

ＪＡ全農ふくれん　乗富幸雄会長インタビュー

◆福岡県民５１０万の食と生命《いのち》をどう支えるか　新型コロナウイルス感染症緊急対策「福岡県産ウェブ物産展」

――新型コロナウイルス対策で始められた「福岡県産ウェブ物産展」が人気ですね。

コロナウイルス禍は福岡県内の生産農家にも大きな痛手になっています。そこで、緊急対策として昨年5月に、大手通販サイトなどのインターネットを通じて県産品の販売を支援する「福岡県産ウェブ物産展」を開始しました。

とくに「和牛」などの高級食材とともに、冠婚葬祭の延期などで低迷していた花き類の注文が予想以上に多く、ポストコロナ時代の新しい生活スタイルに応じた販売方法開拓の足がかりになったと思いま

JA 全農ふくれん：乗富幸雄会長

す。「福岡県民でよかったわ！」という声を聞くことができて嬉しいかぎりです。

◆福岡県民の皆さんに美味しい米「金のめし丸」を食べて欲しい

――福岡県の人口はおよそ510万人（230万世帯）。カロリーベースの食料自給率は23％で、生産額ベースでは37％です。510万人という人口を考えると福岡県農業はがんばっていると思います。主食用米の販売についてお聞きします。「ふくれん」の県内向け販売量はどの程度でしょうか。また、集荷率はどの程度でしょうか。

その年の作柄によって異なりますが、米生産量はかつて20万トンありましたが、現在では16万トン程度です。九州ではトップの生産量です。「JA全農ふくれん」はそのうち4割・6万5千トンを集荷し、県内販売量は家庭消費用を中心に約5万トンです。食管法による価格支持が廃止された食糧法のもとでは減少はやむをえないという面がありますが、45基を数えるカントリーエレベーターは全国一ですから、この程度の減少にとどまっていると思っています。

「金のめし丸」県産米マーク

お米は毎日食べるもの。ひとのカラダをつくり、元気をつくる食べものです。だから、安心で美味しいお米をお届けしたい。よりわかりやすく、より安心して購入いただくために、JAグループ福岡では統一ブランド「金のめし丸」を創設し、基準を設けました。基準をクリアしたお米だけに、「金のめし丸」県産米マークをつけました。基準は「自然豊かな福岡で愛情こめて栽培したお米」「農産物検査上位等級（1等）限定のお米」「指定した工場限定で精米されているので安心」の三つです。さらに集荷率を高め、福岡県民に対して安心できるお米を提供し、また生産者に対する所得向上をめざして、よりいっそうがんばりたいものです。

◆麦の生産量が前年比1・3倍、過去30年で最高

――乗富会長。福岡県は麦類の生産でもがんばっていま

みんな食べてる、
福岡のおなじみ米。
めし丸夢つくし
ちょっと贅沢、
福岡の新しいお米。
めし丸元気つくし
おかわり大好き、
福岡のまんぷく米。

現在「金のめし丸」県産米マークをつけている３種類のお米

すね。北海道を除く都府県では作付面積は第1位を維持しています。

麦の作付面積は２万１５００ha。生産量は２０１８年に比べ３割増の９万６９００トンで、過去30年で最高です。そのうち小麦の生産量が前年に比べて１万４千トン増の６万８９００トン。二条大麦が７１００トン増の２万６１００トン。ラーメン用小麦「ラー麦」の作付面積は前年並みの１８００haでしたが、生産量は２千トン増の８３００トンでした。

「ラー麦」について説明しておきましょう。２００９年に福岡県総合農業試験場、ＪＡ、実需者及び生産者一体で開発した麺用小麦で、「ラー麦」と命名しました。「コシがある」「味が良い」といった評価を受けており、博多ラーメンのストレート細麺にピッタリです。現在の１８００haの作付けを３０００haまでは拡大する計画で

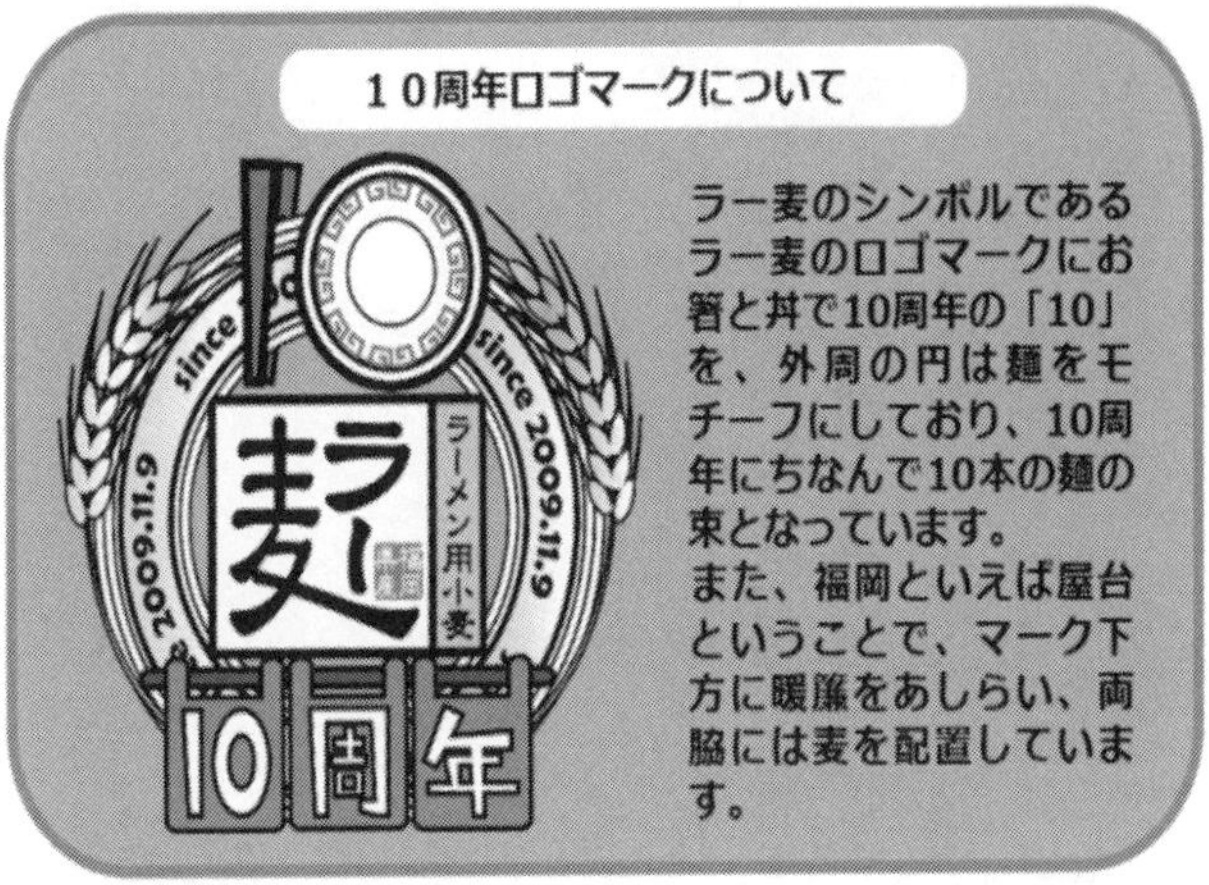
10周年ロゴマークについて
ラー麦のシンボルであるラー麦のロゴマークにお箸と丼で10周年の「10」を、外周の円は麺をモチーフにしており、10周年にちなんで10本の麺の束となっています。
また、福岡といえば屋台ということで、マーク下方に暖簾をあしらい、両脇には麦を配置しています。
ラー麦
ラーメン用小麦
since 2009.11.9
10周年

10周年ロゴマーク

す。この「ラー麦」については60kg当たり２５００円の国の交付金が加算されるので、生産者にとっては魅力でしょう。２０１９年に開発10周年を迎えて、「10周年ロゴマーク」を作成しました。

福岡県内のラーメン店は約１４００店を数え、これは東京都・北海道・神奈川県に次ぐ数だそうです。そのうち「ラー麦」使用店舗は、昨年3月末で２４５店舗にまで増えたと聞いています。さらに、「ラー麦」で皿うどんや餃子といった新たな商品を開発した県内企業もあります。

◆福岡県産大豆「フクユタカ」

——福岡県は大豆の生産でもすごいですね。

大豆は８０００ha前後の作付けを維持し、都道府県で5位以内に常時入っています。幅広い用途に適応性のある品種で、とくに豆腐への加工適性に優れた多収性の「フクユタカ」が多く栽培されています。宮若市の「ふくれん」直営工場では、フクユタカ原料の豆腐とならんで、固形分13%という濃厚な「成分無調整豆

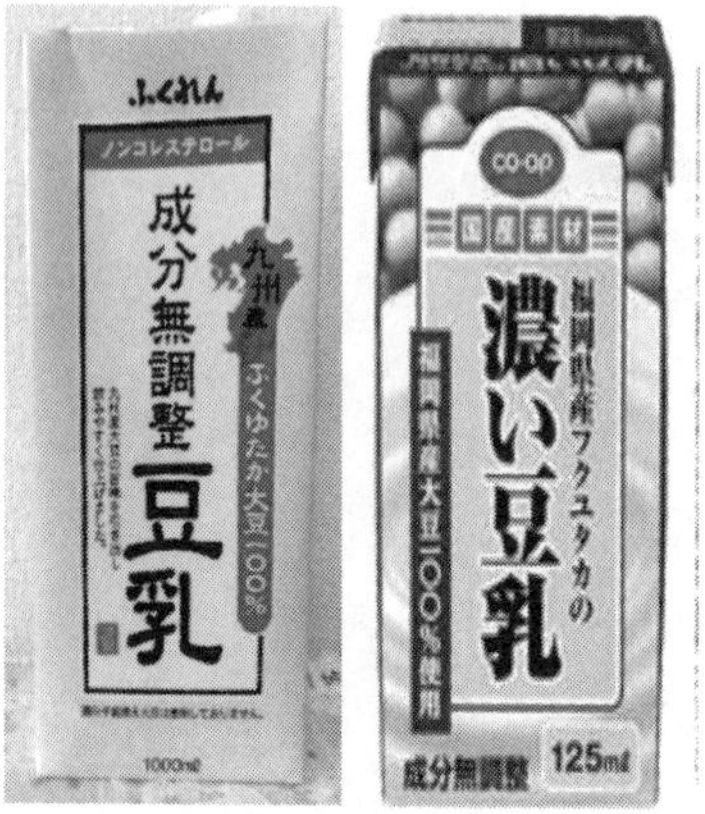

成分無調整豆乳と濃い豆乳

乳」を製造販売しており、これはヒット商品になっています。

◆福岡県民５１０万の食と生命《いのち》をどう支えるか

――福岡県のＪＡグループは「福岡県民５１０万の食と生命をどう支えるか」を共通のテーマにされていますね。

１９８４（昭和59）年、農業があらゆる面で袋小路に陥ろうとする時期でしたが、福岡農協中央会に総合企画局が設置されました。そこで開始されたのが、食文化の原点を問い直し、農協本来のあり方を模索しようという福岡県独自の「食と農」研究への取組みでした。九州大学、山口大学などの研究者に依頼してまとめられた「福岡の食と農を見直す」（１９８７年）をきっかけに、「地産地消」（県産県消）への取組みが始まりました。１９８６年にガット・ウルグアイ・ラウンドが開始された翌年です。

「食」は生活者・消費者を、「農」は生産者・農協を意味します。「食」と「農」を「見直す」から「結ぶ」運動へと拡がっていきました。これは福岡県が全国に先駆けて取り組んだ運動だと記憶しています。これをきっかけに「直売所」への取組みが拡がりました。２００５年制定の「食育基本法」は当時の福岡農協中央会会長の悲願が実った法律でした。福岡県内の「ＪＡ直売所」は２０１８年度では45

店舗を数え、その総売上高は150億円、利用客数は960万人～1000万人になっています。「福岡県510万人の食と生命をどう支えるか」に向かって、さらにがんばりたいものです。

◆農林水産予算は3兆円に回復を

――2018年に米の生産調整が廃止されました。2016年にJA全中は一般社団法人となり、そのJA全中が中心となって主食用米の生産調整を実施しています。需要に応じた主食用米の生産調整を農業者・農業団体が主体的に行えますか。

結論を先取りすれば、JA全中を中心に農業者・農業団体が主役となって生産調整を達成することはむずかしいでしょう。自主流通米を認める前の食管法であれば、「農協食管」と言われたようにある程度までは可能だったかも知れません。しかし、1995（平成7）年の食糧法は、生産者が出荷するルートの多様化を容認したので、農業団体が主役となっての主食用米管理は不可能です。また、JA全中は一般社団法人となり、解釈によっては独占禁止法違反となる可能性も否定できません。「国が主体的に需給と価格の安定」を図るのが食糧法ですから、国が責任をもって、地方公共団体、生産者および集荷業者・団体の協力を得るというのが自然な考え方です。

——最後にお聞きします。安倍政権を継承するとした菅首相のいう「自助、共助、公助、そして絆」は、協同組合が使用する言葉に類似していますが、どう見ておられますか。

安倍政権では、「岩盤規制の撤廃」を叫ぶ「規制改革推進会議」の意見がまかり通りました。安倍首相は「60年ぶりの農協改革」（2018年通常国会）という言葉にとりつかれて、TPPに精力的に反対していた農協をやり玉にあげたとしか思えません。例を挙げれば、農協法改正・農地法改正（2016年）農業競争力強化支援法の制定、酪農（生乳）指定団体制度廃止（2017年）、米の生産調整廃止・種子法の廃止（2018年）に加えて、メガFTAと呼ばれるTPP11、日欧EPA、日米FTAの合意などに突き進みました。これを継承するとした菅内閣が「第一に自助、第二に共助、第三にセーフティネットとしての公助、そして絆」と言いましたが、私たち協同組合人には、自助・共助・公助それぞれには優先順位はないと考えています。新自由主義を基本に、さらなる規制改革を進める菅政権の根本的な考え方とは全く異なります。

私が一番言いたいことは、わが国の食料自給率が38％という近代国家にとっては致命的な状況にあるということを国民に伝えたい、知ってほしいということです。そのためには農林水産予算が2兆3千億円ではまったく足りない。まずは3兆円への回復を菅内閣の安全保障政策のトップに掲げてほしいというのが私の願いです。

第2節　水田飼料作で耕畜連携の推進

1　耕畜連携をＪＡがバックアップ――愛媛県ＪＡひがしうわ

ＪＡひがしうわ（東宇和農業協同組合）は愛媛県南予・西予市の大半を事業エリアとする農協である。１９９７（昭和62）年に旧東宇和郡の４農協が合併して誕生している。宇和海沿岸の明浜町は柑きつ産地、宇和町は内陸盆地宇和平野（約1千ha）の愛媛県下で知られた良食味米「宇和米」産地、野村町と城川町は酪農・肉牛に加えて、野菜、山村の城川町はユズや栗の産地である。標高０ｍ（宇和海はかつて九十九里浜、長崎県五島列島にならぶ日本３大イワシ漁場のひとつ）から１４００ｍ（四国カルスト）という多彩な地層や地形で、２０１３（平成24）年には「四国ジオパーク」の認定を受けている。

正組合員４４４６人（４１５５戸）、准組合員９０６０人（３６７０戸）で、正職員１５１人、令和2年度の農産物販売高48億７４００万円のうち酪農が16億５３００万円、肉牛が15億２４００万円と畜産物の販売高が65％を占める。昨年度に始まった「第３期農業振興計画」は「担い手を育て、生命《いのち》を育む産地づくり」と題し、とくに担い手育成に力を入れている。その先頭に立つ兵頭仁志《ひょうどうひとし》代表理事組合長にインタビューした。（聞き手＝村田　武・九州大学名誉教授、椿　真一・愛媛大学農学部准教授）

――まず、平成30年7月の西日本豪雨災害からの復興状況をお聞きします。

兵頭　野村ダムの緊急放流でキュウリ・ナス共同選果場が3mも浸水しました。夏秋キュウリの出荷が最盛期を迎えるなかで、選果能力16・8トン・日がすべてストップし、100戸近いキュウリ農家には農協職員30人が応援に入って各農家で選別出荷してもらいました。選果機の復旧には丸半年がかりで、8千万円の経費負担になりました。

また、野村は四国随一の酪農地帯です。野村ダム直下の変電所の水没による30時間余りの停電で、42戸の酪農家のうち自家発電機で対応できたのは3～4戸でした。大慌てで町内土建会社の発電機などを借りて搾乳機を何とか動かしましたが、バルククーラー冷却までは手が回りませんでした。生乳100トン余りが廃棄の憂き目をみました。現在では、酪農家すべてに自家発電機を設置しています。さらに深刻だったのが、野村町の浄水場が水没し丸10日間も断水したことです。乳牛は1頭が1日に100リットルも水を飲みます。県酪連の

「美（うま）し牛乳」コープえひめ・こうち生協・とくしま生協の共同開発「コープラン商品」

集乳車に松山の本社工場で水を詰めて給水を続けました。

――新型コロナウイルス禍のもとで、どのような問題が発生しましたか。

兵頭　昨年3月の突然の学校休校措置では、給食用牛乳の処理がたいへんでした。松山市の生協やスーパーの店舗で割引販売してもらったり、農協や市の職員にも買ってもらいました。また、肉牛枝肉価格の下落や、花卉の売り上げ減少の被害を受けました。

◆コロナ禍後の生活意識の変化に対応

――コロナ禍後の社会をめざして、貴農協が今、一番力を入れていることはどのようなことですか。西予市で貴農協がどのような存在でありたいと考えていますか。

兵頭　ＪＡひがしうわは「四国ジオパーク」の認定を受けた多彩な地形や景観を活かそうと、経営理念に「人と自然の夢づくり――青い空、碧い海、豊かな大地を守り、環境に優しい多彩な生産と地域社会の発展につとめます」を掲げています。そのうえで、経営方針を、「1．安全・安心な食料の提供と担い手の育成・支援、2．経済事業の改革、3．地域社会への貢献、4．経営の健全性確保と人づくり」としています。コロナ禍は、人々に「これまで家庭を顧《かえり》みなかった状況を変えよう。家族との日々の暮らしをもっと大切にしよう」という意識を生み出しているように感じます。「家族中心の生活様式」の再生です。これに応えて、われわれは持続可能な農業とJAづくりに全力をあげなければなりません。西予市の管家一夫《かんげかずお》市長も「西予市は第1次産業が中心の中山間地域だ。市民の生活を守るには、農業所得・農業生産のアップが不可欠であって、西予市を支えるのはJAだ」といってくれています。行政とJAの連携がポイントになります。

今年度は、「第3期農業振興計画」の2年目ですが、同時に「第7次中期計画」の最終年度です。愛媛県JAグループの「組織整備研究会」は今年12月の「JA愛媛県大会」に全県JAへの合併も視野に入れた提案を行う予定です。そうした動きもしっかり見据えて、JAの経営基盤の確立に力を入れなければならないと考えています。

◆JA直営略農場の建設をめざす

――大胆な目標数値を掲げた「第3期農業振興計画」の進捗状況をお聞きします。

兵頭　「担い手を育て、生命《いのち》を育む産地づくり」をスローガンにしています。国の農政には、農産物価格の安定や家族農業の経営を守り、自給率を引き上げようという観点が弱すぎます。手をこまぬいていれば、農業後継者難と高齢化による離農や耕作放棄地の拡大を抑えられません。そこで、「「第3期農業振興計画」では、第1課題として、5年間で「50人の新規就農者確保」という目標を掲げました。

まずは、野菜部門では、民間業者が撤退したハウス（約1ha）を買い取り、直営農場「JAひがしうわ農業センター」とし、2人の職員を配置しました。トマト・キュウリ・イチゴの栽培を開始して2年目です。これに新規就農研修生を受け入れています。経営のめどが立ってきたので、速やかにJA出資型農業法人化をめざしたいと考えています。

畜産部門での新規就農者の育成も農家まかせにはできません。JAひがしうわは、標高1200メートルの大野ヶ原に旧野村町が昭和49年に開設してくれた子牛育成牧場の管理を担っています。私はJA職員として開設時の育成牧場の管理担当者でした。生後6か月から2年の子牛の預託（現在は160頭）を受けることで、酪農家をバックアップしています。場長と職員合計5名ほどで運営しています。

さらにぜひとも早急に実現したいのが「JA直営酪農場」です。野村産牛乳の生産量を落とさないためには、JAが酪農場を直営する時代がきたと考えています。野村産牛乳は消費者から高い評価を得ています。同時にこの直営牧場が酪農新規就農者研修牧場としての役割を担うことで、「50人の新規就農者確保」という目標の達成に向けてがんばりたいと考えています。

◆「営農組合」で耕作放棄地管理

――「耕作面積2300haの維持」が目標になっていますね。

兵頭　管内でも宇和平野など平坦地は、20～30ha規模の担い手農家に任せておけばいいのですが、農山村の谷筋の水田は放棄が進んでいます。集落営農で集落の農地全部を管理できればいいのですが、そうもいかない場合にどうするか。私の実験を話しましょう。私は野村町のわずか14戸という小さな芒原《すすきはら》という集落で、水田60a、ユズ60a、野菜20a（うち10aはハウス）を経営しています。この集落で3年前に地権者が2戸の合計30aの耕作放棄田が出ました。そこでこの放棄地を管理するためにメンバー5人の「芒原営農組合」を立ち上げ、ニンニク、玉ねぎ、水稲を栽培しています。私が営農組合長です。他のメンバー4人は、私より若い60歳台です。さらにこの営農組合で芒原機械利用組合を立ち上げ、コロナ対策の経営継続補助金を利用して3条刈コンバイン（500万円、うち助成金340万円）を導入しています。このコンバインで集落農家の水稲

兵頭仁志（71歳）東宇和農業協同組合代表理事組合長
全農愛媛県本部運営委員会副会長

収穫の作業受託も行っています。こうした機動的な営農組合で耕作放棄地の管理ができることを広げたいと考えています。

――国の農政について意見がありますね。

兵頭　愛媛県は裸麦の全国トップの産地です。過去余り作柄が良くなかったので問題にならなかったのですが、この2年続きの豊作で問題がいっきょに浮上しました。麦作助成金の支給が全農愛媛と実需者の販売契約済であることを条件にしているために、令和2年産の販売契約が生産量に追いつかず、生産農家への助成金支払いが滞る事態になりました。全農愛媛は年度末までに全量の販売契約を何とか取り付け、事なきをえました。麦類の用途を食用・食品加工用に留めず、食料自給率の引き上げを農政の目標とするかぎり、飼料用など他用途での販売も認めて当然ではないかと考えます。国は農産物輸出の拡大に熱中するよりも、国内産の消費を拡大する、すなわち自給率を上げる農政に立ち返るべきではないでしょうか。

◆畜産農家100戸堅持――酪農経営の減少を食い止める

――「第3次農業振興計画」では、畜産農家100戸の堅持をめざして、飼料作の増産による管内飼料自給率の向上を目標にしている。それを担うのが「コントラクター組合」である。宇和平野では耕種農家の水稲・WCS稲・麦の刈取りとラッピングを行い、畜産農家に粗飼料を販売する。野村町では、畜産農家の飼料作（デントコーン・ソルガム）やWCS稲の刈取り・ラッピングを受託し、受託料を請求する。

「野村コントラクター組合」代表の那須秀樹さんに聞く

那須　コントラクター組合のスタートは平成25年に組織された「東宇和コントラクター研究会」です。現在では、汎用収穫機1台とトラクター・ラッピングマシーン2台で、50戸の畜産農家から合計80～90haのデントコーンとソルガム、WCS稲の刈取り・ラッピング作業を受

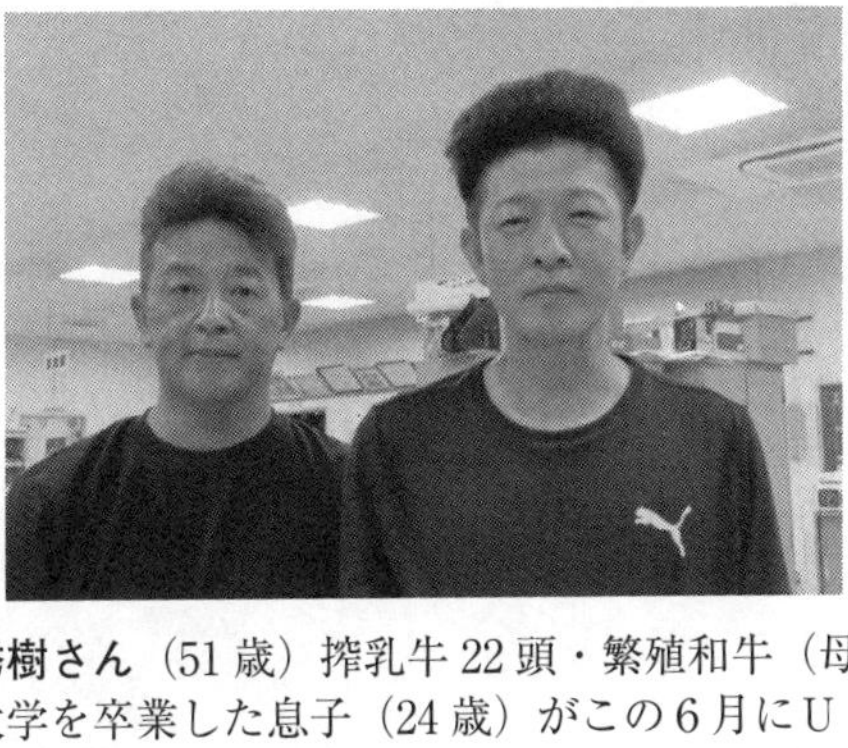

左　那須秀樹さん（51歳）搾乳牛22頭・繁殖和牛（母牛7頭）
酪農学園大学を卒業した息子（24歳）がこの6月にUターン
搾乳牛60頭・和牛母牛18頭に規模拡大するために畜舎を新築中
右　宮内友也さん（36歳）JAひがしうわ畜産部酪農家職員・コントラクター組合事務局を担当

託しています。7月中旬から12月初めまで続く作業には、熟練の要る汎用収穫機に3人、ラッピングマシーンに4人を配置しています。畜産農家には、飼料収穫を委託でき、良質の飼料を確保できることを喜ばれています。汎用収穫機は1台2000万円、トラクター・ラッピングマシーンも1台1000万円します。高齢化のもとで畜産農家単独ではとても投資できません。私自身が畜産農家として、コントラクター組合はますます充実すべきだと考えています。

汎用収穫機

2 畜産経営の後継者をどう確保するか——愛媛県JAひがしうわの若手担い手

◆若手農業者が行動起こす【JAひがしうわ・若手農家現地座談会】

愛媛県西予市を事業エリアとする東宇和農業協同組合（JAひがしうわ）は、2020年6月の総代会で「第3期農業振興計画」（2020～24年度）を決定した。その目玉は、兵頭仁志代表理事組合長の発意にもとづいて、生産農家の減少と耕作放棄地の広がりを抑え、「地域農業をリードするひとづくり」とされている。これに担い手農家がどう対応しようとしているのか、同年7月24日夕、4名の中堅

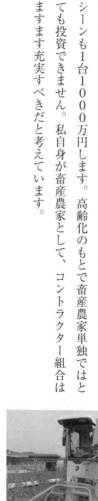

若手農家に座談会を開いてもらった。

（司会と記録は村田　武九州大学名誉教授、椿　真一愛媛大学農学部准教授）

【出席者】

・清水口学・JAひがしうわ農業支援センター長補佐（44歳）

・河野昌博氏（43歳　就農12年）

・平田宣之氏（36歳　就農２年）

・土居玄典氏（31歳　就農４年）

・村田　武・九州大学名誉教授

・椿　真一・愛媛大学農学部准教授

◆四国最大の畜産地域

清水口　JAひがしうわの「第３期農業振興計画」は、四国最大の酪農・肉牛産地という強みを活かして、水田での飼料米・WCS稲などの飼料生産によって、輸入飼料依存の加工型畜産を本格

コロナ禍でソーシャルディスタンスを取った座談会

的に地域の水田耕種農業と結合する構造転換、すなわち耕畜連携への地域農業への展望を切り拓こうというものです。域内飼料自給率のアップをめざしたいと考えています。

そこで、５年間で「50人の新規就農者・耕作面積２３００haの確保と農畜産物生産額60億円をめざす！」という数値目標も明確にして、がんばろうではないかという計画です。それには、兵頭組合長の言われる「地域農業をリードするひとづくり」に成功するかどうかがカギを握っています。今日集まっていただいたのは、まさに地域農業をリードしてほしい中堅若手の４農家です。

村田　ＪＡひがしうわは、２０１０年度に始まった「第1期農業振興計画」以来、一貫して、環境にやさしい農業づくりをめざし「生命《いのち》を育む産地づくり」をスローガンに積極的な営農指導事業を展開してきました。しかし、この間の厳しい農業情勢のもと、中山間地における農地荒廃や酪農経営の離農を食い止めかねています。そこで打ち出された「第3期農業振興計画」が、それがめざすところに進展できるかどうか。それは、この計画が、リーダー的農家の皆さんの心をつかむかどうかにかかっていると思います。まず、水田農業から始めましょう。農協管内で水田農業経営規模ではトップの酒井さんはどうですか。

酒井　私の水田経営面積は29・５ha（自作地２ha）です。27・５haの

清水口氏

借地は9集落、80人の地権者から借りているものです。今年度は主食用米17 haに加えて小麦13 ha、大豆11 haを栽培し、さらにWCS稲を1・5 ha作付けています。農協が提案している「水田農業の総合的展開」を実践しています。昨年度は、大豆が9 ha、WCS稲が3 haでした。大豆とWCS稲の作付面積の変化は、水の確保問題によります。WCS稲の作付け予定地で用水路の堰が壊れて水田に通水できなくなり、やむなく大豆に変更したのです。大豆は、この秋の天候との関係から、適期に刈り取りを終えることができるかどうか多少不安です。父との2人の労働力では、特定の品目の作付け拡大はとくに収穫時期の労働力確保がたいへんです。

河野　私の場合は、水田経営面積は12・5 haです。主食用米は8・5 haで、大豆3・2 haと麦（小麦と裸麦）7 haに加えて、飼料米を1 ha栽培しています。もう少し規模拡大したいのですが、兼業高齢農家ががんばっており、農地を借りられるのにはもう4～5年かかりそうです。

椿　主食用米の需要減とコロナ禍もあって、米価が下がりそうですが、お二人の米の販売について聞かせてください。

酒井　主食米の6割は農協出荷です。全量を個人販売する余裕はありません。したがって、米価の動向がいちばん気になります。主食用米が乱高下されては経営の安定が確保できません。

河野　水田10 haちょっとの規模では、主食用米を農協に1俵1万3千円で出荷していては経営が成り立ちません。幸いにもここは県内でも食味評価の高い「宇和米《うわまい》」なので、県都松山市を中心とした個人消費者のほか、レストランや病院等へ個別販売しています。玄米換算で1俵当たり1万7千円です。さらに、自分を含め地元の若手農家4戸で2016年に設立した米販売会社「田力本願《たりきほんがん》株式会社に、1俵当たり1万8千円で販売しています。この会社は、メンバーから米を買い取り、独自ブランド「田力米」として販売しています。

◆稲わら収集で組合つくる

村田　それでは、畜産に話を移しましょう。JAひがしうわ職員から転身し、農業後継者として地域農業を支える平田さんどうぞ。

平田　両親が搾乳牛25頭の酪農を経営してきました。2年前、父が体調不良となったので、私は農協を退職して自家農業に就農しました。その後、父は健康を回復したので、搾乳を20頭に減らした酪農は主に父に任せ、私は和牛繁殖を始めています。現在は母牛6頭ですが、5年以内に15～20頭規模に拡大したいと考えています。仔牛は生後7～9ヶ月で出荷しており、価格は去勢牛で60万円、雌牛で50万円ほどで

河野氏

坂井氏

す。コロナ禍で仔牛価格は下がっているものの、5、6年前の水準とほぼ同じレベルなので何とかなっています。自家水田70aでWCS稲、飼料畑1・5haではデントコーンやソルゴーを生産しています。これらの飼料作物の収穫とラッピングは最近できたコントラクター組合に委託しています。飼料の相当部分が経営内および地域内自給であるのが強みです。

土居　4年前に就農する際に、肉牛肥育経営の父とは別経営で、妻と2人の肉牛繁殖肥育一貫経営を始めました。母牛10頭、肥育牛が10頭です。繁殖肥育一貫経営は、種付けしてから肥育牛の出荷までに4年ほどかかり、現金収入を得るまでの期間が長いという問題があるものの、収益性では繁殖のみ、肥育のみよりも勝っています。飼育している黒毛和種は愛媛県ブランドの「愛媛あかね和牛」です。赤身がおいしいとされる肉質で、枝肉価格（A4の№7）は1kg当たり1800円ほどとされています。今年ようやく肥育牛の出荷が始まるので楽しみです。畜産専門で飼料の自給はまったくありません。稲ワラは繁殖農家3戸といっしょに組織した「稲ワラ収集組合」で稲作農家から無

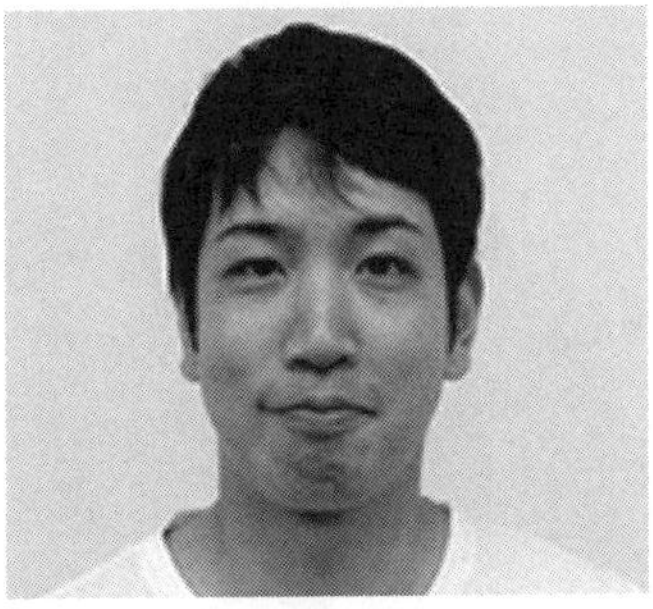
土居氏

平田氏

料で収集しています。ＷＣＳ稲も地域内の農家から購入しています。今後は、母牛を２倍の20頭にまで増やし、肥育牛がつねに30頭はいる状態、つまり月に１～２頭出荷できる規模にできたらと考えています。

村田　畜産経営は後継者の確保に苦労し、離農が激しいですね。

平田　西予市ではかつては１００戸もあった酪農経営が半減しています。今月だけで３戸離農しました。これはたいへんです。去年の年末から若手の酪農家５人と話し合いを始めました。コロナ禍で遅れましたが、今月、繁殖和牛経営の「臨時ヘルパー組合」を立ち上げました。私はその事務局を担当しています。「畜産経営の後継者確保をＪＡにまかせるだけではなく、自分たちも行動をおこそう」ということで若手が合意しました。ヘルパー組織は、繁殖農家の休日確保、若手繁殖農家の技術向上はもちろんですが、新規就農者の育成もめざしています。畜産地帯のここには野村高校畜産科があります。畜産科の新卒者にヘルパーとして技術を修得させるとともに、在校生に繁殖農家でのアルバイト機会を提供して、就農につなげていきたいと考えています。「臨時ヘルパー組合」の仕事は、現在では給餌などの飼養管理が中心ですが、メンバー全員が人工授精師の資格を有し

トラクター・ラッピングマシーン

ており、種付けまでもヘルパー組合の仕事にすることを視野に入れています。

清水口　「第3期農業振興計画」では、酪農・肉牛合わせて100戸の畜産農家を堅持しようという目標を掲げています。飼料の増産推進とコントラクター組合の拡充と支援による、WCS稲や稲ワラ・麦ワラの収集体制の整備を通じて、管内飼料自給率の向上による経営安定をめざしています。畜産経営の後継者や新規就農者の育成・支援を目的にした事業展開を図りたいところですが、平田さんが組織された「臨時ヘルパー組合」はたいへんありがたい取り組みです。

村田　最後に、みなさんの農協への期待もお聞きしましょう。

河野　私たちが農協に期待しているのは、産品のブランディングを初め、農産物の販売力を強化することと、本気の営業マンを育ててくれることです。

酒井　スマート農業が議論される時代です。農協に望むのは、作物の栽培技術よりも、農業機械など新たな資本装備のあり方についての情報提供です。

土居　農協系統なしには肥育牛も売れません。農協が倒れてしまえばお手上げです。農協はもっと力をつけてほしいと考えます。

平田　水田での飼料作、とくにWCS稲の栽培は、畜産農家からの有機質肥料の水田への還元がないと長続きしません。小規模な酪農経営のなかには糞尿処理に苦労している経営がみられます。農協は、「アグリサポート事業」のなかに、畜産農家の糞尿処理対策を位置づけ、堆肥化だけでなくバイオガス発電事業についても積極的に検討されてはいかがでしょうか。

椿　ありがとうございました。皆さんのお話から、水田作経営では主食用米に加え、転作として非主食用米や大豆を作付け、裏作には麦を作付けており、水田利用率も高いことがわかります。若い後継者世代の就農もみられ、将来的に経営規模の拡大意欲をもっています。その背景に、耕畜連携助成をともなう政策支援作物の作付けがありますね。水田作経営が耕畜連携助成を獲得できるのには畜産農家が多く存在しており、稲ワラやＷＣＳ稲の収集をおこなうコントラクター組合等の存在があり、ＪＡひがしうわ管内ではそれが活かされていることがよくわかりました。その前提として、飼料米やＷＣＳ稲に対する政府の助成金の廃止など論外で、その継続が不可欠であることもよくわかりました。

第３節　災害復旧で水田の再生―福岡県ＪＡ筑前あさくら　ＪＡの財産は農地と組合員―「被災農家を離農させせない」

気候変動や温暖化の影響によってかつては考えられなかったような集中豪雨が日本全国を襲い、農業にも大きな被害をもたらしている。２０１７年7月北九州を襲った記録的な大雨は、福岡県朝倉の農業に壊滅的な被害をもたらした。あれから3年、「農との共生を育み地域と共に」を掲げるＪＡ筑前あさくらは、ＪＡの総力を挙げて地域社会の復興再生に取り組んできた。その3年間の闘いを現地に取材した。（取材は２０２０年9月18日）

◆2017年九州北部豪雨

2017（平成29）年の7月5～6日にかけて、対馬海峡付近に停滞した梅雨前線に向かって暖かく湿った空気が流れ込んで線状降水帯が発生・停滞し、九州北部地方で猛烈な記録的大雨となった。筑前あさくら農業協同組合（JA筑前あさくら）の朝倉市では、この2日間の降水量は586㎜を記録した。河川氾濫による浸水被害に加えて、山腹崩壊による土石流とともに大量の流木で被害が拡大した。JA管内だけで死者37名を数え、1600棟を超える家屋の全半壊や床上浸水など、甚大な被害となった。JA管内の被害面積は田畑を合わせて1120haにおよび、農産物および機械・施設を含む農業被害額は389億円にのぼった。とくに被害が大きかったのが主力品目の柿である。山腹崩壊によって園地が崩れ、土砂に埋もれるのが少なくなかった。2020年9月現在では、平地はほぼ100％復旧できたが、中山間地では小河川の改修工事にようやく手が付きはじめた段階で、農地や農道の復旧はまだ先の先、全体と

朝倉農業の象徴的存在の三連水車も土砂に埋まった

してせいぜい2割が復旧できたというところである。

◆「災害復興対策室」の設置

ＪＡでは豪雨災害の3か月後に「災害復興対策室」を設置した。まずは災害直後から組合員を窓口でたらい回しにできないと、相談窓口を1本化したのである。そのうえで、復旧についての国や県等関係機関との情報共有を統合し、被災した農業者の意見をくみ上げる部署が必要だとの組合長の判断での設置であった。ＪＡ内から対策室室長・課長など4名を配置し、ＪＡ福岡県各連合会から1名ずつの出向を得て、あわせて8名での船出であった。11月には関係機関の協力のもと、ＪＡ農業ボランティアセンターを開設した。社会福祉協議会による災害ボランティアは被災住宅などへの支援が中心であって、農地復旧には独自に「農業ボランティア」が必要であったからである。これまでに延べ5400名が農地の復旧に参加してくれた。12月には西日本新聞社

小河川復旧工事の様子

が「九州北部豪雨被災地志縁《しえん》プロジェクト」を立ち上げてくれた。新聞の読者を中心に「志縁」を呼びかけるもので、「志縁」は1口1万円、志縁した人には3千円分のJA管内の農産物や加工品が届く。7千円分は被災地の農業支援にまわされるものである。これまでに3256口もの志縁があり、返礼品分3割をのぞく約2300万円が、以下の2つに代表される農業復興のための事業に活用されている。

◆「松末実験圃場プロジェクト」

朝倉市東部の杷木《はき》松末《ますえ》地区は中山間地に位置し、豪雨による被害がもっとも大きかった地区のひとつである。水田の表土が流出したあとに、山間部からの真砂土《まさど》が一面に堆積し、水路も壊れ水稲作付けが困難な状態が続いていた。この地区で翌2018年5月に開始されたのが「松末実験圃場プロジェクト」である。水田やハウスに流入し堆積した災害残土を有効活用して農地再生をめ

崩壊山腹の復旧工事

ざす土壌試験である。この実験圃場には、松末地区コミュニティ協議会のほかに、ＪＡ筑前あさくら、国土交通省、福岡県（農業総合試験場・朝倉農林事務所・朝倉普及指導センター）、朝倉市が参加している。まず４ａの農地を実験圃場とし、朝倉市内に流入した真砂土と粘土性の土砂を混ぜ合わせて、農地の復旧で不足する耕作土として再生できないかの実験。次いで２０１９年度からは、農地に堆積した災害土砂の上に、基盤土（10～20㎝）と表土（15～20㎝）の厚さが異なる10ａの水田を３区画造成して水稲を栽培した。被災農地を復旧するのではなく、被災農地の上に新たに圃場をつくってしまおうという試みは、全国でもあまり例のないものだという。この30ａの実験圃場では、朝倉普及指導センターの指導の下、ＪＡによる苗や肥料などの資材提供のうえで、松末生産組合が管理を担っている。実験の結果、３つの圃場での収量差はほとんどなかった。２０２０年度は水稲を25ａに減らし、５ａは野菜を栽培することとした。農地の再生にむけて日々試行錯誤が続いている。

松末実験圃場

◆「久喜宮《くぐみや》ドリームファーム」

ＪＡ筑前あさくらは、豪雨で被災した柿農家にアスパラガスの生産を推奨している。朝倉市杷木地域は日本有数の柿産地であるが、豪雨災害で柿園地が押し流されたほか、土砂に埋め尽くされる被害が続出した。柿部会の構成員は２０１７年３月の４４２名が、２０２０年３月には３８２名に60名も減ってしまった。そこでＪＡは柿産地を維持するために、柿農家の新たな収入源確保をめざして、柿とアスパラガスの複合経営を提案している。アスパラガスは多年性作物であることに加え、年に2回の収穫が可能で、価格も高値安定している。さらに、柿の手入れや収穫の時期とも比較的重ならないことがアスパラガスを推奨する理由である。ところがアスパラガスの導入にかかる資金や農地の確保は被災農家には容易でない。そこで、ＪＡは農地中間管理機構を通じて40ａの荒廃農地の利用権を自ら取得し、そこにビニールハウス10棟（計27ａ）を建設し、アスパラガス農園「久喜宮《くぐみや》ドリーム

久喜宮ドリームファーム

ファーム」を2020年2月に完成させた（初期投資は約2千万円）。アスパラガスの収穫は新植後3年目からであるので、最初の2年間はJAの直接経営とし、栽培管理担当に応募した被災農家2戸と生産管理委託契約を締結した。その2戸の生産者は「ファームディレクター」とよばれ、アスパラガスの栽培管理や収穫・出荷、生産施設の管理などを担い、管理委託料を農協から受け取る。苗や肥料、農薬などの生産資材はJAが用意する。生産者にとってこの2年間は研修期間という位置づけで、アスパラガス生産技術を習得してもらう。収穫が始まる3年目に、JAから経営移譲を受け独立することになる。生産者は農地の利用権を譲渡されると同時に、JAにハウスのリース料を支払う。アスパラガスは10a当たり3トンの収量を想定しており、粗収益300万円以上が期待されている。この方式は、農地取得やハウス施設の整備にかかる農家負担を軽減し、営農指導を通じて被災農家の営農再開を全面的にバックアップできる点が期待されている。私たちが9月18日の現地取材でお会いした「「ファームディレクター」の金子耕三さん（63歳）と井上麻美さん（36歳）の明るい顔は、被災農家を励ますこの事業の意義の大きさを痛感させるものであった。JAではこの事業をモデルとし、今年度新たに2カ所でアスパラのハウスを設置し、4名が生産管理を委託される予定である。

（聞き手＝村田　武・高武　孝充）

深町琴一代表理事組合長に聞く

——今日お訪ねしたのは、（一社）農協協会が創設90周年を迎え、コロナ禍後の持続可能な社会をめざすうえで、「希望は農協運動にある」をテーマに「JAcom農業協同組合新聞」の特集が企画されたことにあります。そこで、私は同紙編集部に、西日本では2017年の九州北部豪雨災害からの被災地復興をめざす深町琴一代表理事組合長を先頭にした筑前あさくら農業協同組合（JA筑前あさくら）を取材させてほしいと要請しました。「JAは地域から逃げることが出来ない。真正面からどう闘っているか。農協運動の原点がここJA筑前あさくらにある。」と思ったからです。2017（平成29）年7月5〜6日の九州北部豪雨災害から3年が経過しました。まず、当時の状況とその後の復旧状況をお話ししてくれませんか。

深町琴一代表理事組合長

◆JAグループの総力支援に心から感謝

深町　ほんとうに経験したことのない豪雨災害でした。37名も出た死者のなかには組合員もいました。そのなかには当JAの貴重な人材（職員）も一人いました。大変残念に思っています。

ＪＡ筑前あさくらは筑後川中流の右岸（北側）にあって、山田堰《やまだぜき》から取水する水路と朝倉三連水車（国指定のかんがい施設遺産）が有名ですが、それも土砂や流木に埋め尽くされました。災害後すぐに博多万能ネギのハウスや果樹園の復旧に、延べ約２５００名ものＪＡ役職員が駆けつけてくれ、土砂出しや流木撤去に協力してくれました。その他、福岡県内の全農協が、義援金や支援物資など「オールＪＡ福岡」で支えてもらいました。一輪車やスコップを持っての応援で、土砂に埋まった柿やブドウ園の泥をただちに排除してくれたことで、柿やブドウの木が生き残りました。ＪＡふくおか八女は組合長自らがユンボを持ってかけつけてくれました。ＪＡグループの総力を挙げての支援がどんなに嬉しかったことか。私は「農協人で良かった」と、これが協同組合運動であることを、身を以て実感できたと思っています。さらに、博多万能ネギの空輸「空とぶネギ」として長年のつきあいがあるＪＡＬからの義援金や、ＪＡのラー麦（福岡総合農業試験場が開発したラーメン用品種「ちくしW２号」）を使ってくれている即席麺企業「(株) マルタイ」からの義援金など、多くの支援をいただきました。また、２０１７年度は、豪雨以降の天候に恵まれたことに加え、被害支援として仲買人等が全国的に協力してくれ、販売額は前年度よりも大きかったのです。しかし、柿園地は豪雨災害の集中した山間傾斜地に多く、２０１７年度末には柿生産部会の会員は36名も減りました。

――深町組合長は、災害後速やかに「災害復興対策室」を立上げられましたが、どのような意図があったのですか。

深町　第1に、相談窓口の一本化です。第2に、被災した現場に出向いてまず意見を聞くことが大切だと考えました。これは、職員はそれこそ24時間体制で現場を走り回ってくれました。「一言《いち》えば十《じゅう》走る。」職員には感謝しかありません。今でもそうです。第3に、農業ボランティアセンターの運営です。第4に、市町村や県など行政との連携ですね。そのうえで、JA内での連携です。相談の内容によっては関連部署、たとえば地域振興部などがただちに対応するという連携がスムーズに行われるようになっています。災害復興対策室は最大時8名体制で、現場に出てくれました。JA職員が現場に出てくれたことが、被災農家のあきらめを克服することに大きく貢献したと思います。

――JAの共済金も被災者には大きな貢献をしたと思いますが。

深町　建物更生共済が1855件で、共済金が61億1千万円、自動車共済は軽トラなど車両431台で、3億6千万円でした。現場確認に入れなかった被災地にはドローンを利用してくまなく被害調査しました。被災者には喜んでいただいたと思っています。まさに、「共に助け合う」というJA共済そのものですね。

――まだまだ復旧途上ということですが、農地の復旧で、「松末実験圃場プロジェクト」の現場を見させてもらいました。

深町　被害をうけた農地をどう復旧するかです。「松末実験圃場プロジェクト」は、まず災害残土を基盤土としタイヤローラーで転圧し、その上に表土の深さを2種類作り、収量などにバラツキがないかどうかを実験するものでした。ところが、災害残土（水田やハウスに流入して堆積した残土）を基盤土としてその上に表土を作るという例は全国では実施したことがない。朝倉農林事務所や朝倉市の提案でまずやってみよう、ということになりました。実証区の調査は朝倉普及指導センターが実施してくれました。結果として、水稲栽培には水はけが悪いということはあるものの、施肥の調整しだいで収量にバラツキはないという報告を受けています。一方で、真砂土と粘土の配合を工夫しながら青トウガラシ、スイートコーン、カボチャなど野菜栽培への試みも行いました。ＪＡの財産は農地と組合員です。災害で農地を減らすわけにはいかないというのが、この実験圃場を取り組む基本的な考えなのです。さらに、被災した樹園地における土壌分析に力を入れています。土壌診断にかかる費用は「志縁プロジェクト」の志縁金を活用させていただいています。果樹生産者の中には、復旧不能な園地から移動して、新たな園地で栽培を再開している例もあり、部会の随時講習会などで土壌診断の要望が多かったことが土壌診断実施の大きな要因です。「JA全農ふくれん土壌分析センター」での分析結果は、営農指導員を通じて生産者に報告されます。園地ごとの施肥指導に結びつけ、地力の維持による品質・収量の向上がめざされています。

――「久喜宮ドリームファーム」はたいへん興味深い取組みですね。

深町　農協の財産は農地と組合員であって、被災組合員の経営をどう再建するかです。柿産地を維持するために、柿農家の新たな収入源としてアスパラガスとの複合経営はどうかという提案が「久喜宮ドリームファーム」です。JAは被災農家を見捨てたりしないというJAの覚悟を組合員に示したいというのが私の狙いです。また、JAでは2018年度から、新規就農者の育成と就農を支援する「新規就農センター」を開設しました。センターには、施設トマト用として旧朝倉農業高校跡地に4連棟のハウスを整備し、第1期生として管内外から若手研修生3名を迎えました。「JA冬春トマト部会」の協力を得て、同部会OBの指導で栽培技術をはじめ、土作り、病害虫防除や施設、農業機械、農業経営基礎を1年間かけて学びます。研修終了後までに、遊休農地、空きハウスの情報収集や有効活用など就農先確保、就農定着までの支援も行います。「冬春トマト」の研修の外にも、野菜・果樹・普通作など品目ごとの受入れ農家との2つの指導体制で、独立後も安定した農業経営ができるよう認定新規農業者として育成、支援していきます。

――山腹崩壊と小河川への土石流で山間集落では残った農家が数戸に減り、集落機能が維持できなくなっていることはたいへんですね。

深町　そのとおりです。豪雨被災で集落がなくなったり、わずか数戸しか残っていなかったりと、昔からの集落の助け合い機能がなくなってしまった地区がたくさんあります。ＪＡとの関わりでは、ＪＡ情報の伝達機能には欠かすことのできない農事組合組織の再編成が必要です。集落の統合も必要かもしれません。これには行政と一体になって、組合員ととことん話し合わなければなりません。

――ありがとうございました。３年間でよくぞここまで頑張ってこられたというのが、私たちの率直な感想です。今後のご健闘を心からお祈り申し上げます。

【著者略歴】

髙武 孝充 [こうたけ　たかみつ]

1950 年　福岡県糸島市生まれ　博士（農学）
元福岡農協中央会営農部長・元糸島市農業委員
近著：『新たな基本計画と水田農業の展望』（共編）筑波書房、2006 年
『水田農業と期待される農政転換』（共編）筑波書房、2010 年
『福岡県農協中央会六十五年記念誌』（編著）（第 1 巻「問い続けた協同」・第 2 巻「農業政策とその農政運動」・第 3 巻「協同組合は永遠なり」2019 年
（執筆）序章・第 1 章・第 2 章・第 3 章

村田 武 [むらた　たけし]

1942 年　福岡県北九州市生まれ
金沢大学・九州大学名誉教授　博士（経済学）・博士（農学）
近著：『農民家族経営と「将来性のある農業」』筑波書房、2021 年
『家族農業は「合理的農業の担い手」たりうるか』「筑波書房、2020 年
『新自由主義グローバリズムと家族農業経営』（編著）筑波書房、2019 年
（執筆）はじめに・第 4 章

水田農業の活性化をめざす—西南暖地からの提言—

2021 年 11 月 12 日　第 1 版第 1 刷発行

著　者◆髙武 孝充・村田 武
発行人◆鶴見 治彦
発行所◆筑波書房
東京都新宿区神楽坂 2-19 銀鈴会館 〒162-0825
☎ 03-3267-8599
郵便振替 00150-3-39715
http://www.tsukuba-shobo.co.jp

定価はカバーに表示してあります。

印刷・製本＝中央精版印刷株式会社
ISBN978-4-8119-0612-6　C3033